U0174663

AI时代的人类意见

一个时代优秀的思考者和行动者
关于未来的想象
很大程度上决定着人类的轨迹

刘坚　主编

中国出版集团　東方出版中心

图书在版编目（CIP）数据

AI时代的人类意见 / 刘坚主编. —上海：东方出版中心，2024.6
ISBN 978-7-5473-2420-2

Ⅰ. ①A… Ⅱ. ①刘… Ⅲ. ①人工智能 Ⅳ. ①TP18

中国国家版本馆CIP数据核字（2024）第101645号

AI时代的人类意见

主　　编　刘　坚
策　　划　刘佩英
责任编辑　徐建梅
装帧设计　青研工作室

出 版 人　陈义望
出版发行　东方出版中心
地　　址　上海市仙霞路345号
邮政编码　200336
电　　话　021-62417400
印 刷 者　上海万卷印刷股份有限公司

开　　本　890mm × 1240mm　1/32
印　　张　10
字　　数　176千字
版　　次　2024年8月第1版
印　　次　2024年8月第1次印刷
定　　价　68.00元

推荐序一

AI的终局，仍是为人类服务

《AI时代的人类意见》是《经济观察报》策划出版的重磅新书。书中收录了我给所有读者的一封信《AI有风险，但可以让它善良》。

这是我第二次给《经济观察报》的读者写信，上一封信写于2010年。那时人们讨论的话题是互联网与移动平台之间的较量，现在，所有人都被AI席卷。

短短十余年间，信息技术发生了代际变迁。新书出版期间，编辑曾与我交流，如果再过10年，人类世界会因AI（人工智能）而受到多大的影响？这是一个很有趣的话题，我也时常对此加以思考。2到5年内，AI生产的图片和视频就无法用人眼识别出真假；5年后，人形机器人和无人车能通过图灵测试，它们开车会比人开得更好；10年内，AI大模型和生物世界、生命世界会连在一块；20年内，AI在几乎所有的领域都会比我们人类的能力更强。

这一次AI对人类的影响，与十几年前互联网对人类的影响可能并不相同，之前改变的是信息层面的链接，但AI来临后的人类，可能会是一个新物种。

这种想象并不夸张，并且很可能在几十年内发生。试想一下，未来会有一种新的生命体诞生，它把碳基生命和硅基生命结合，让人类成为"超人"，这现在听起来似乎很奇妙或不可思议，但我们不能低估AI。

我现在的日常工作都是围绕AI。2024年3月初，我与图灵奖得主约书亚·本吉奥、杰弗里·辛顿等人在北京开了两天的会议，共同拟定并签署了《北京AI安全国际共识》，我们希望避免不受控制的AI给全人类带来的生存风险。同年3月底在博鳌亚洲论坛上，我谈论的主题也是AI。我对AI的发展很乐观，但乐观不等于什么都不做。人类中99.9%的人是善良的，但也有0.1%的人是邪恶的，我们必须让善良战胜邪恶。

在《AI时代的人类意见》中，对AI进行思考的并不只是我们这些AI科学家或是AI从业者，它的视角涵盖到了各行各业。面对AI，学者资中筠考虑的是人类良知与理性，艺术家陈冲描绘的是反乌托邦的衰变景象和怀旧的惆怅，公益人蔡磊希望10年后的自己病情已得到控制并逆转。不可否认，他们的视野给予我启发。同时我仍然坚信，我们可以让AI的创新和技术为人类的善良和福祉服务，因为在人类数百万年的漫长历史中，技术变革的最终走向都是如此。

再过10年，每个人都已经习惯了身边的AI。《经济观察报》再次向我约稿时，会是什么主题？我对此也很期待。

张亚勤

中国工程院院士

清华大学智能产业研究院院长

推荐序二

文明转型的芝麻开门了

当我们谈论AI时，它已经横空出世了，但它仍属于未来。

因为它就像云，还在人类的想象中飘忽不定，它与我们的关系还处于将来时态。人类不能容忍虚空而又没有定义的世界，却能审美对未来虚拟的期待。那团握不住的云，究竟会给地球带来什么？

答案虽在渺茫的路上，我们却可以自由选择一个朗朗晴日或一个暗夜风雨的日子，给自己设定一个具有代入感的阅读环境，也许就在你翻开这本书时，时空已经不在旧轨道上运行了。

其实，这是一本书信集。不是史上一个名人的往来书信，而是当下热切关注人类命运的一群“史前人”写给AI的一封信。称他（她）们为“史前人”，完全有感于他（她）们的字里行间涌动着的那份思想的悲悯，竟有着穿越万年时空的潜能，唤醒我们沉溺萧索于二传手的心灵，蓦然回首发现史前人的创世荣耀，才是我们认识AI的始基。

人是怎么来的？世界为什么应该给予直立行走的人以自由？第一个陶罐、第一只水杯、第一座房屋是谁创造的等等，哪一问不惊天地？不泣鬼神？

直立人发现了三维的自由之美，从此开始创世，从使用自然的木棒、石块，到利用自然元素的水、火、土创造出一个自然界从未有过的新形式的陶器，表明人类从自然进化向社会进化的第一次文明转型。

这种自由之美啊，令直立人欲罢不能，哪怕被虎豹吃掉也绝不再回到四条腿，去与四条腿的动物赛跑。他们是第一批创造世界的人，他们是上帝，也是盘古和女娲。

如今，世界在天真的边缘衰老，古老而又传统的哲学、政治学、历史学等，也突然遭遇了全球化的瓶颈，更何谈面对未来？不过，人类的伤感在抵达极限之际，竟然出现了诗意的峰回路转。

AI天降，举世引颈，纭纭纷纷。是的，AI不仅是科学家的手边活儿，还是我们每一个人的未来寄托。于是，焦虑、忧患、欢欣、喜悦，肯定、怀疑、拒斥、欢迎，是敌亦友？举凡困惑，皆以审美的眷顾，或以理性的拷问，流淌于本书的每一封信里。

本书收入了地球人写给AI的48封信。是的，这是一群差异很大的个体人，年龄的差异、性别的不同、职业的专好，或为科学家、或为乐手、或为文史哲学者、或为企业家、或为演员、或为学校校长，凭着他们对未来的坚定信念，给AI发出了每一位个体人对它的期待，使我们在阅读每一封信件时，顿然获启AI也许是一位伟大的创世者，它将带领人类再一次像人类直立起来一样走向一个全新的人类文明——超人？

这世界，有了人类，才有时间观念，时间发生了，才会赋予历史以有意义的内容。历史是时间的形式，但不是所有的时间都能成为历史，只有那些被具有历史观的史家记载下来的时间才能成为历史。同样，不是所有的时间都会以历史的形态呈现，比如现在进行时的“我们”和将来时的“他们”，就不会就范于历史，但历史教会了我们立定于进行时分，为迎接未来准备最好的自己，这就是现在进行时的使命感，因为我们总想拾起历史的遗憾，以获得未来的补救和宽恕。

未来的新人类会谅解我们吗？会像我们那样清算历史吗？这一问，犀利，紧迫，有一种无法走出文明困境的抑郁。“人类”，是正在进行时的“我们”;“新人类”，是将来时的“他们”。AI由“他们”来掌控和定义，那么谁来定义“他们”呢？是只想要福利国而不想要理想国的我们这一代来定义未来人之于“他们”那一代吗？

我们是要一个AI创世者，为人类创造一个新文明的未来，还是要一个掌控定义AI的统治者，以定义“他们”的历史。换句话说，AI，是以优于并服务于人类思维的人工智能来临，还是以人类脱胎换骨重启物种进化的历程，如尼采所谓“超人”来临？这是本书留给我们全球视野下的、需要脑容量的思考题，也是本书在当下出版的价值所在。每一封信都是一只价值不菲的思想与智力的锦囊，必将沉淀为孕育AI的土壤，为AI考古它的出身留下可资凭证的资料。

曾经，知识就是力量，科学技术是第一生产力；AI时代，思想就是力量，思想是第一生产力，未来属于思想者。

未发生的时间是未来，已发生的时间是历史，AI将走进已发生的时间，去往文明的世界，书写它的历史，人类文明大转型的芝麻开门了。

李冬君

历史学者。主要著作《文化的江山》（12卷本，与刘刚合著），

《走进宋画：10—13世纪的中国文艺复兴》等

《经济观察报》专栏作家

前 言

想象决定未来

两百多年前，正当第一次工业革命轰轰烈烈进行的时候，一位二十岁的英国女性匿名出版了一部关于疯狂科学家制造出“人造人”并威胁人类的小说，震惊世人。

这部名为《弗兰肯斯坦》的作品充满了中世纪哥特艺术独有的恐怖氛围，但并没有影响这部作品的现代性——它成了科幻小说的开山鼻祖。在这之后，伴随人类科技革命的不断跃迁，人类对科技的爱与怖就从未休止。

时至2023年，我们依然在讨论这个问题。不同的是，它不再是作家们天马行空的想象，很多人相信它正在成为现实：呼吁暂停人工智能研究、提示人工智能风险的声音几乎贯穿了一整年，这一轮技术变革的引领公司OpenAI（开放人工智能研究中心）还因此爆发了剧烈的公司内斗。那一周，从旧金山到中关村都难以入眠。有效加速主义者和超级对齐主义者同样在思考人类和技术进步的关系——前者希望破除限制技术的藩篱，甚至不顾一切地加速技术发展；而后者则希望最大限度地引领AI符合人类的意图。

无论是哪一派，忧虑和共识其实都是清晰的——当第一个原始人偶然学会了用火的时候，科技的洪流就不可阻挡。而当AI已经通过图灵测试（Turing Test），“弗兰肯斯坦”会成为现实么?

科技进步当然是一件好事，起码证明人类文明并没有被三体人的“质子”锁死。无论从哪个角度来看，技术进步整体上确实在造福人类——生命科学的进步延长了我们的平均寿命，通信技术的进步让“天涯若比邻”，即便是原子弹曾造成一个时代的创伤，但核能确实也为人类带来了难以估量的价值。

过去数年，席卷全球的新冠肺炎疫情，此起彼伏的全球地缘政治冲突，使得我们常常感慨每一天都在见证历史，每一刻都在与上一个时代告别。但来自人工智能科技的颠覆性突破，像是在黑暗森林中点燃了一簇希望的篝火。它的出现打破了旧有的秩序和规则，为人类带来了新技术红利的希望。要知道，上一轮全球化红利，与工业革命和移动互联技术的突破紧密相关。

因为ChatGPT（预训练生成聊天模型）的出现，2023年注定会成为一个值得被记住的年份。也正因此，《经济观察报》邀请了来自中国社会各界的代表人物，以书信的方式，畅谈他们心目中的AI世界和他们的所思所愿。他们是企业家、投资人、哲学家、社会学家、音乐家、诗人、作家、医生、中学校长、公益人、编剧、博物馆馆长……

在这本名为《AI时代的人类意见》的书里，你能够看到闪耀着光芒的想象和思考。比如著名学者资中筠先生写道："良知和理性都是人类存续的必要条件，自古如此，于今尤甚"；作为艺术家，陈冲相信"幸福的基石不是科技的进步，而是对苦难的忍耐、抗争和释怀"；人工智能研究者张亚勤依然带给我们信心——"AI有风险，但可以让它善良"。

我们还邀请"互联网教父"凯文·凯利和ChatGPT给5000天后的人类世界分别写了一封信。奇妙的是，人类的科技观察意见领袖和人工智能本身，都对未来的AI时代抱有信心：凯文·凯利说"未来不会像《黑镜》那样悲观"，而ChatGPT的承诺是，"机器必须服务于人类"。

……

他们写给时代，写给个体，或者只是写给自己。他们关心粮食和蔬菜，也关心星空和远方。他们张开双臂拥抱技术带来的新的可能，但也坚持人之为人的价值判断。在这个充满不确定性的冬天里，这些文字足以带给我们温暖的慰藉，无论悲观还是乐观，无论我们是否同意他们畅想的未来。

悲观者常被比喻为汽车诞生之后的马车夫，不过我们相信，悲观者和乐观者之间并不存在较量，足够多元和丰富的声音，才能帮助当下彷徨的我们尽可能作出正确的决策、避免走向未知的歧途。

这可能正是想象的价值。历史充分证明，一个时代中最优秀的思考者和行动者关于未来的想象，很大程度上决定着人类的轨迹。在AI诞生之前，阿西莫夫就提出了机器人必须服从人类的三定律。1950年，他提出为AI立法，这已经成为今天的科学家、企业家乃至政治家们必须面对的紧迫命题。差不多同一时期，赫胥黎、奥威尔等一批学者，则为技术的外部影响竖起了足够醒目的警示牌——无论是娱乐至死的《美丽新世界》还是《1984》的全景敞视监狱，这些不仅仅是一个寓言。毋庸讳言，在历史的长河中不乏这样的记忆：一些癫狂的想象一旦被权力加持，就可能扭曲前方的路，甚至将人类拉入短暂的黑暗。

这提示我们，我们可以热切地想象未来，但也需要谦卑地记住来时的路。或许只有这样，我们才可以笃定地说，面对技术的冲击，我们仍然可以对美好的生活寄予厚望。毕竟，无论什么样的技术变革，人都会是最重要的主体。帕思卡尔说："思想形成人的伟大，我们全部的尊严就在于思想。"

陈白

《经济观察报》TMT新闻部主任、商业评论主笔

因为ChatGPT的出现，2023年注定会是一个值得被记住的年份。《经济观察报》年终特刊就此锁定了人工智能。我们邀请了来自中国社会各界的代表人物，以书信的方式，畅谈他们心目中的AI世界和他们的所思所愿。他们是企业家、投资人、哲学家、社会学家、音乐家、诗人、作家、医生、中学校长、公益人、编剧、导演、演员、博物馆馆长……这些表达汇成了《AI时代的人类意见》。

他们或悲观或乐观，或满怀期待或心有疑问。不过我们相信，在悲观者和乐观者之间并不存在较量，足够多元和丰富的声音才能够帮助我们理解正在发生的所有。更何况，正是那些优秀的思考者和行动者对于未来的想象，在很大程度上决定着我们的方向。

现在，让我们打开信箱，开启思想的未来之旅。

编者

目　录

推荐序一	AI 的终局，仍是为人类服务	1
推荐序二	文明转型的芝麻开门了	4
前　　言	想象决定未来	1
资中筠	良知、理性是人类存续必要条件	001
汪海林	犹如镜中的书写者	007
吴於人	用好奇心探索世界	010
罗振宇	AI 能替代“脑力”　但人类还有“心力”	014
李银河	未来狂想	018

赵　宏	有信有望才能有爱	024
陈　冲	梦中呼喊的人	032
何　川	Larry 的奇遇	043
李镇西	真正的教育只能发生在人与人之间	048
沈　阳	2040 年的技术“乌托邦”	055
梁由之	AI 时代的回顾与前瞻	063
张亚勤	AI 有风险，但可以让它善良	069
高小榕	人类必备缰绳	075
劳东燕	永远不应让制度技术盲目飞行	081
徐英瑾	大数据不是通用 AI 的未来	088
李晓东	越过数据鸿沟	093
秦　朔	从竞赢的时代到共处的时代	098
吴志华	关键是，我们如何问问题	106
詹大年	AI 时代的人，可能是一台幸福的机器	114
傅蔚冈	OpenAI 不能“非营利”	120
胡　泳	是时候放弃七十年的传说了	125
刘　刚	当你莅临时，应往文明世界去	137
周　榕	AI 时代，如何在“归零语境”下幸存	149

陈　哲	在时代中保有主张	155
饶子和	重要的是保持探索的勇气	161
周思益	当人类与机器的关系变得紧密	167
王晋康	进入自由王国	172
海　漄	AI 或许无形无质	177
蔡　磊	致 2030 年的蔡磊	180
吴　声	请做你自己	183
简仁贤	AGI 的里程碑	188
牛新庄	感受光的力量	194
郭　为	我的回答	199
周鸿祎	大模型将会无处不在	206
李镇宇	验证全新生活可行性	210
吴世春	拥抱科技，但也不能忽视人的因素	218
何猷君	迎来一片未经雕琢的沃土	223
梁建章	人类不会放心让 AI 自主进化和创新	227
刘曙峰	2030，一个时间的锚	236

宗馥莉	想象未来消费	244
朱保全	万物皆有所依	249
凯文·凯利	AI 的未来不是“黑镜”	256
ChatGPT	记住，机器是为了服务人类	260
艾　芬	医学需要人和人的沟通，而不是仅仅面对一个冰冷的机器	265
范雨素	每个时代都会孕育出“范雨素”	272
陈行甲	在 AI 时代，我们该如何关注乡村教育	277
姬　星	体育会成为电竞的一部分	282
杜　兰	比人类更强大的不是 AI　而是掌握了 AI 的新人类	286
周殷子	那一只演奏莫扎特的 AI	292

良知、理性是人类存续必要条件

资中筠

致读者：

岁末奉《经济观察报》约以书信形式写对人工智能的感想。忆起2010年应约写“岁末致友人书”，宛如昨日。而我故友凋零，不知心目中该写给谁。只能信笔遐想，致一切有耐心读的读者。

如扣除全球大疫三年，2010年至今，有效年份也就短短的十年。翻看当时各界人士60余篇文字，内容都很现实，充满忧国忧民，批判时弊，提出希望，涉及领域林林总总，而是非标准惊人地一致，目光投向同一方向，共同的强烈愿望就是兴利除弊，改革不要倒退。在各界作者中，有一个鲜明的特点，就是企业家都比较乐观，充满信心。今昔对比，为之唏嘘。另一特点是科技创新较少涉及，有一人提到智能手机，是作为“新鲜事物”的。

曾几何时，高深莫测的“人工智能”已经成为时代的象征。AI进入寻常百姓词库。几年前围棋高手败于电脑软件，震惊世界，现在已成旧闻。忽然出现似乎无所不知的“ChatGPT”可以陪人聊天、解答各种问题。每天都会出现令人惊恐的关于AI新技能的新消息，最主要是其“智”力将取代或超过人类而失控之远景，可能颠覆一切人伦秩序，人将不人。身为万物之灵的人类，自己创造的高科技将把自己带向何处？一般谈到变局的习惯用语是“百年未遇”，而现在却是“十年未遇”，变化的幅度是几何级数的加速度。而引领这变化的是几位科学怪才。

另一方面，似乎从野蛮社会以来的传统思维还在主导某些人。忽见硝烟四起，一场热战继以另一场热战，或以强欺弱，或以极原始的野蛮挑战现代文明，导致生灵涂炭，血肉横飞。自从有核武器以来，高科技杀人工具日益“先进”，足以毁灭人类几次。端赖持有者的理性克制，“核战争无赢家”成为共识，一直备而不用。如今却不时听到可能使用的威胁声，竟使人怀念当年“冷战”之“冷”，竟能保持这么久。现在是否终于升温至热战？理性、良知能否跑胜野蛮、疯狂？人类是否在劫难逃？

对科技与人类祸福问题的反思，非自今日始。更早的姑且不论，这个问题首先由科学家自己提出已有百年。至少在第一次世界大战之后，就有明智之士意识到这一点，以后每当出现先进武器时，这个问题都凸显出来。经常被引用的一句科学家的名言是：“人类在还没有能够掌控自己之前就先掌控了自然，先具备了掌控自然的能力。此事将要引起不可预测的后患。”印度圣雄甘地曾把“没有人性的科学”列为可以毁灭我们的事物之一。不过他走向另一极端：奉行远离工业化社会的生活方式，被认为是反科学、反现代化而不足为训。原子弹的发明和运用所引起的触及灵魂的反思众所周知，自不待奥本海默传记和电影的出现。

人类真是很奇怪的物种，号称“万物之灵”也不是浪得虚名：能够驾驭万物为我所用；为不断改善自己的生活质量发明各种神奇的物件；远古已不可考，至少在不太长的几千年中创造了如此辉煌的物质和精神文明。而与此同时，没有哪个物种像人类那样互相仇恨，自相残杀，为此耗尽心力发明出日新月异的高效、残忍的杀人工具；同时肆无忌惮地祸害自己的生存环境。古往今来在“人”的芸芸众生中出现了不少恶魔，也出现了不少天使般的典型。不知道其他动物有没有灵魂和伦理道德，人类确实创造了整套的伦理道德律令和善恶标准，还有复杂的哲学理论。根据此标准，作恶和行善从未停止过，谁战胜谁的问题也从来没有最终答案。

一个永恒的问题是：高科技成为作恶的手段时，科学家有没有责任？《奥本海默》电影中当主角自责手上沾有鲜血时，杜鲁门总统说：“要说双手沾血，也是我，而不是你。”就是说，掌握生杀予夺之权的政治统治者才能决定如何使用这一手段。到目前为止，世界还是以国家为单位，即使民主国家，也是委托少数人掌握这一权力。尽管设计了种种制度限制这一权力，而科技创新与军备竞赛相辅相成始终无法停止。

然而，科学家真的完全没有责任，完全无能为力吗？以前的姑且不论，如今已无可否认地飞跃进入AI时代，有人称之为第四次工业革命，实际并不恰当。因为整个舞台已经超越地球，与宇宙太空打交道了。马斯克及其侪辈横空出世，每天都有惊人的新花样，使人感到似乎他们的意念和成败决定人类的命运。所以我特别关注马斯克的言行和他表现的价值观。迄今为止，似乎他还不是科幻大片中那种科学怪人，而是保持理性、心存善念、爱好和平的常人。前一阵传言他有反犹言论，果真如此，比其他任何人同样的表现更令人担心。好在他自己已经以言论和行动加以澄清。我还注意到，他说过如果要使人长生不老，也能做到，但他不赞成，所以不做此努力。不论他是否真能做到，我十分赞成这一观点，并为此松了一口气。试想，以目前医疗的水平，资源的分配如此不平等，如果真有古代帝王梦寐以求的长生不老药，首先享受的一定是有权有钱的特殊人群，连“终有一死”的结局都不平等了，那将是多么可怕、恶劣的社会！退一万步讲，如果此法竟然普及了，地球上都是百千岁的老人，那又该是怎样的情景！马斯克也许是在吹牛，实际办不到，但是至少他有所为有所不为，保留了良知和理性。

最近又传出OpenAI内部CEO（首席执行官）人事之争。我对此没有资格评论，但是从所能见到的信息看，以我浅薄的认识，似乎关系到对科学发展的不同理念之争。是为发展而发展，一路高歌猛进，不计后果，还是顾及对人类现实的影响，也就是我理解的，有所为有所不为，我本能地同情后者。

当然所有这些考虑，都还是以人类为中心。跳出来看，人类之于浩瀚无垠的宇宙和亿万斯年的时间不过是寄蜉蝣于天地，渺沧海之一粟。也许整个物种与每个个体一样，就该有一定的寿命，或者到一定的时候发生变异，成为另一物种。这种变异的装置也许就藏在人自己身上。还有一种可能，由于世界各种人群并非齐头并进，最先进的高科技手段掌握在观念还处于前现代甚至前文明时代的人手中，其结果不一定全部毁灭人类，却可能使整个人类的创造毁于一旦，倒退到原始社会。野蛮征服文明的先例在历史上是屡见不鲜的，前人幸运的是还没有掌握当代人的高科技手段。所以无论从哪个角度讲，良知和理性都是人类存续的必要条件，自古如此，于今尤甚。

信马由缰想去，扯远了。所有这些遐想——瞎想，我在剩下不多的残年中大概都看不到。实际上，凡夫俗子如我，有关AI每天映入眼帘的信息，最吸引我眼球、最引起我兴趣的是全方位照顾老人的机器人，它可以代替日益稀缺的优质家政服务员，好像这是指日可待之事。人类命运、地球，乃至宇宙，非所能计。把目光收回到眼前切身需要，自私而短视，诸君见笑了。

2023年12月

作者系著名学者

犹如镜中的书写者

汪海林

AI时代的我：

我很清楚，我给你的信，不是你本人在读，而是AI替你在读，总结我的信的主题和核心信息，简化后列成要点通过脑机接口也好，通过简讯传输也好，呈送给你，如果真是这样，我……

你的悲剧在于，你参与了这一个荒谬而无可挽回的历史进程，你什么也没做，只是傻乎乎地接受这一切。你，以及你身边的人，都是这个进程的随波逐流者。你们认为历史无法阻挡，不妨看看有什么结果，结果就是你们现在这样。

你会说，其实还可以。

你说还可以，我无法判断是你说的，还是AI说的。

你成了AI的助手，作为一个编剧，但是AI会称呼你为主人，法律上，AI是你的助手。但实际上，女秘书可能在给董事长做主，只是嘴上尊称你为老板。

我曾经把写作当作谋生的工具，如果是工具，AI就是工具，但不是谋生的工具，只是写作过程中替你思考、替你策划的工具，作品也许信息量丰富了，作品本身却不值钱了。对于画家来说，脱离手工作业以后，依赖机器进行绘画，价格必然下降。写作也是一样，机器越有价值，作品越便宜。所以这个悖论是，如果写作是个谋生工具，帮助写作的工具可能让写作失去谋生能力。这个推论，AI不要假装看不懂，说的就是你，你无法帮助写作者增值，你在让写作贬值。

不过，我也不得不思考，当我把写作当成谋生工具的时候，写作本身成为某种工具，它被另一种效率更高的工具取代，好像我不该抱怨什么。所以，还是要回到——我们为什么写作。

我要发表我个人对世界的看法、我幽微的情绪、我不可言说的秘密、我的奇思异想和歪理邪说。那么，我的写作就不再是某种工具；那么，写作就是表达。我的表达再愚蠢，也无需AI来修正，因为这个表达属于我个人。

这么一想，事儿就清楚多了，我要进行个人表达，我就不需要借助AI，我写作的目的应该是——为写作而写作。

立刻觉得自己有了光芒。

但，编剧的工作从来不是个人表达，它是公共表达。

AI可以完成各种角度的公共表达，甚至比你完成得好，好得多。

更重要的是，人们不需要你的个人表达，对此不感兴趣。这是个问题。

所以，问题的严重性在于，如果人们不再关注个体的表达，人类还是人类吗?

人类压根儿不在乎。

因为人类是人的总和，每一个聪明的愚蠢的独特的平庸的个体的总和。

那么，我能表达的是：我在乎。

这个时候，我需要寻找到这个世界上与我一样在乎的人，那么，慢慢清楚了，我依然可以写作，不借助任何AI，我写给那些与我一样对世界依然好奇的人，我写给那些对另一个个体感兴趣的人，我写给在精神世界跟我相似的人，我写给不通过AI接收、过滤、总结作品，而是自己亲自阅读的人。

再见，AI时代的我，我要回到书桌前继续写作了。

主人：以上是来自过去的一封信。

内容概要：一个编剧在失业前的胡言乱语。

内容总结：在我们现在这个时代，他说的一切都没有意义了。

标注：垃圾邮件。

建议：销毁。

——AI文件处理员

2023年12月

作者系著名编剧、影评人

用好奇心探索世界

吴於人

亲爱的同学们：

你们好。

这次对话希望和大家共同讨论关于AI时代的思考。AI的产品确实给我们带来了很多的想象空间，在2023年世界人工智能大会上我曾经说，“希望有一个人工智能的自己，能够不受于年纪和体力的限制，我现在有很多小视频、小实验来不及做，无法及时回馈网友的热情，最好有人工智能来帮忙。”我呢，自然希望这个愿望能尽快实现。

在2023世界人工智能大会和中国国际进口博览会上，我都接触到了一个新领域——人工仿生。我看到很多失去了手臂或者大腿的人，在过去他们的生活充满了各种不便，而人工仿生技术为他们带来了“新的肢体”，通过脑电波他们能够控制这些“新的肢体”工作、健身或者只是握住我的手指。这项技术切实解决了很多问题，我想这就是科技发展的意义。

AI技术的发展也是如此，我认为这项技术同样是与人类相辅相成的。像ChatGPT、文心一言推出之后，我都使用过，它们能够回答我们很多的问题。我也在思考，“作为人类，我们更要学会如何向AI伙伴提出好问题”，我在一次讲座上提到过“如果你们提出的问题，ChatGPT回答得模棱两可，就说明你提了一个好问题”！

作为一名科普工作者，大家或许更熟悉我的另一个名字——“不刷题的吴姥姥”。“不刷题”的意思是不要机械地学习。我曾经在大学教书，我发现很多孩子即便进入了物理学专业，也可能对于物理并没有兴趣，没有好奇心。在过去应试教育的环境下，他们总是机械地刷题，最终造成了这样的现象。

在大学的时候，学生们有时候会来问我问题，但是问得最多的时候是考试前，他们问这道题怎么做、那道题怎么做，还问我会不会考这样的题目。其实在讲课中，有很多问题可以讨论，比如：这个定理是哪来的？前沿有什么样的研究？但他们就是对题目感兴趣。这说明什么呢？这是我想要改变的。

在教书的过程中，我怕我变成一个冰冷的机器，只会教学生做作业，而我的学生也会变成只会刷题目的人。那将来我们国家怎么办？现如今，随着AI技术的发展，机器人正在变得越来越像人。而我们的孩子们呢？只会死刷题，他们长大之后，变得越来越像机器人。越来越像机器人的人设计出的机器人还能越来越像人吗？

我是一个什么都好奇的人，新的、没见过的、从没吃过的。你说这是为什么？我就是这样的人。物理，让整个世界、整个自然在我面前打开，比如麦克斯韦方程组，它用四个公式把整个电磁学理论基本都概括了，而且那四个公式的形式非常对称。我想把物理的美带给大家。

我曾经说过，我想做的是“全民大学物理”，我希望物理被大众关注和接受，并让大众产生兴趣。当下的小朋友们都生活在AI时代，他们一定要学会提出好问题。只有引导孩子观察生活中的现象，对事物保持好奇心，提出问题，才能激发探索欲，将来他们才能为我们的社会做出更多的贡献。

我们的工作室里有一位小朋友，我刚认识他的时候，他还很小。小孩子总会有一些天马行空的想象，他也不例外，从幼儿园、小学到初中、高中，他的梦想都是“我要做会飞的汽车”。这样的想象力和兴趣支撑着他从小到大一直坚持着和物理相关的学习，他做过的研究都是和物理、流体力学、气动有关的；随着年龄的增长，他又开始做机电一体的自动控制。一路坚持，他本人获得了一些成果和奖项，也代表上海的青少年登上了世界顶尖科学家论坛。他的目标也在慢慢实现。

我希望能够激发更多孩子对于物理的热情，为我们国家未来科技的发展做出一点点的贡献。现如今，AI的发展还处于初级阶段。不过，中国在AI领域已经取得了显著的进展，特别是在深度学习、自然语言处理和计算机视觉等关键领域，中国的一些大型科技公司已经取得了技术的创新和应用，即便在世界范围内同样排名前列。但是，中国在AI领域高端人才方面仍然相对短缺，这将会限制中国在AI技术创新方面的速度和质量。国际竞争的加剧也意味着中国需要寻求自主创新。AI技术的突破和发展的关键还是人和人的思想。我们如何才能培养出真正对科技感兴趣、有创新精神的孩子呢？这是我们需要解决的问题。

当然，很多人会担心，AI的发展会挤占人的生存空间，增大人的就业压力。现如今，随着AI技术的发展，已经开始有越来越多的传统行业面临着重大变革，很多工作岗位或许真的会消失。比如，一些生产流水线上的岗位将被自动化替代，一些传统的销售业务将被电商所取代。因此，作为普通人，我们还是要不断地学习，即便这些传统岗位会消失，还会有更多的新型岗位出现，我们要学会拥抱新时代。

技术难免具有两面性，重点在于人要用技术去解决什么问题。我希望AI能更多地解放双手，让大家有时间和精力去做更多的科学探索，为人类文明发展贡献自己的力量。

2023年12月

作者系同济大学物理学院退休教授，感动中国2022年度人物集体奖“银发知播”获奖者之一，本文根据其口述整理

AI能替代“脑力” 但人类还有“心力”

罗振宇

亲爱的《经济观察报》读者朋友：

见信好！

很高兴能有机会跟你们分享我对AI带来的社会变革的思考。

我们正处在这一轮AI技术革命的早期阶段。它导致的很多远期后果，现在还看不清楚。但可以肯定的是，AI不仅会冲击白领的工作机会，还会冲击现代社会的基本结构。

现代社会是建立在专业分工之上的社会。

专业工作者（professional）的使命是什么？是把书本上的知识翻译到人际沟通的界面上。知识确实是在那里，但仍然需要两个活人之间发生连接、讨论、辩难，就一个一个的具体情境，进行知识的转移。

所有疾病的救治方案，都已经写在治疗手册里，但中国大概还需要1400多万名的医务工作者；所有的法律法条班班俱在，但是从律师到法官到公司法务，我们还是有数以百万计的法律工作者；所有跟教育相关的知识，都以文本的方式记载在教科书、辅导材料上，但中国还是有1800多万名的教育工作者。

在“前AI时代”，这些专业工作者通过对自己进行巨额教育投资和长期艰苦训练，成为社会的中坚力量。他们是现代社会的支柱和图腾。

现在AI大模型来了。它不仅提供专业知识，而且还可以无孔不入地嵌入每一处人际沟通的界面中，渗透到每一个知识场景的应用中。很可能在不远的将来，AI会一点点地把“专业工作者”从现代社会结构中挤出去。

所以，AI不仅是对特定职业的威胁，更将彻底改变现代社会的面貌。我们现在就可以畅想：一个不再由专业分工和专业工作者构成的社会，将会是怎样的场景？

这不完全是坏事。

技术革命，总是会带来社会景观再造，但是从来也不会真正把人类逼到绝路。它只是在一次次地逼问——人到底有什么用处？

AI之前的技术，本质上都是在替代人的“体力”。而这一回，AI替代的是人的“脑力”。

你可能会说，人类除了“脑力”，还剩下什么？

还剩下“心力”。

简单说就是：定义世界万物，为万物填充意义，并找到自己行动方向的能力。

比如，我要去远方的城市见我的恋人、我要重新装饰这间屋子、我想去开一家小店，要做这些事，在“脑力”之前，我们首先需要“心力”。

其实，早就有人意识到这个问题。

管理学家德鲁克有一本书，叫《卓有成效的管理者》，写于1966年。那个时候，计算机时代还没有全面到来，德鲁克就提出了一个概念：“计算白痴”。

他说，现在很多公司都在用计算机进行管理，而你们根本不要怕。为什么？因为计算机本质上是一个白痴，它只能处理已被量化的事务。

而真正“重要的外部事件往往是定性的，不能够被量化”。人的用处就在于此，“为了能够量化，人们首先必须有一个概念。人们首先必须从错综复杂的现象中抽象出某一个具体的方面，将其命名，使其可以最终被计算”。

说白了，人的最终用处就是面对一片混沌的世界，调动我们的感知，用语言把世界的某个部分抽象出来，然后填充意义和相关性，把它变为事实，投喂给计算机。

人，是“混沌”和“事实”之间的桥。

在人类的左边，是世界的本来面目；在人类的右边，是机器运算的轰鸣。

就像马尔克斯在《百年孤独》里面说的："世界新生伊始，许多事物还没有名字。提到的时候，尚需要用手去指指点点。"这对万物指指点点的活儿，永远属于我们人类。

未来几年，AI技术还将突飞猛进。在这个过程中，我们有机会不断追问自己——如果我的脑力部分被替代了，我能感知陌生的事物，并定义它的意义吗？我能给自己的生命定义目标吗？我有足够的"心力"活在这个世界上吗？

如果能回答这几个问题，我辈在这世上的存在，就仍然根基牢固。

祝一切顺利！

2023年12月

作者系得到创始人

未来狂想

李银河

致读者：

2023年是人类历史发生巨变的起始年，就在那一年，出了一个叫作ChatGPT的东西，这是一个有学习功能的人工智能软件，它的智能程度以周为计量单位增长，很快就变得无所不知、无所不能，它能在所有的入学考试、医师考试、律师考试、会计考试、公务员考试及各行各业的就业考核中名列前茅，进而取代了所有这些原本需要十年苦读才能获得的知识和技能，取代了所有这些职业的专业人员的劳动。

这个取代的过程并不太长，也就短短几十年，人的生活方式就变得面目全非。一个2050年出生的孩子，他的生活轨迹与2000年出生的孩子就完全不同了。

由于所有需要记忆和背诵的东西都不必学了，只要学会在人工智能上找到这些知识的方法就可以了，包括外语，日后用到时都可由人工智能直接获得。

孩子的学习方式与过去的儿童有了很大不同。他在家里由母乳喂养到可以断奶的时候，就可以按照家长的意愿被送进日托或寄宿学校。学校是不分年级的，只是像过去学校中的兴趣班一样设了很多的班，喜欢学画画的就去画画班，喜欢学乐器的就去乐器班，喜欢学唱歌的就去唱歌班，喜欢学烹饪的就去烹饪班。当然还设有数学班、物理班、化学班、生物班、文学班、史学班和哲学班，让那些对这些领域有兴趣的孩子，早早领略这些领域的魅力。这些都是选修课程，不是必修课程。

学校唯一要求必修的课程只有三门，一门是语文，一门是算术，还有一门是人工智能实操技术。语文课要求认识基本用字和学会写作文；算术课要求学会加减乘除和简单的几何原理；人工智能实操技术课要求孩子学会运用人工智能达到自己设定的任何目标。

由于学校是不分年级的，学生可以在三门必修课考试合格的任何年龄毕业。因此有的孩子10岁就毕业了，有的不着急就业的孩子要到20岁才毕业。

社会生活最大的变化不在教育模式，而是人的就业模式，因为教育是为就业做准备的，就业模式变了，教育模式也就跟着改变了。由于所有知识和技能中涉及记忆和重复劳动的部分都被人工智能取代了，只要是重复劳动的职业就不需要人去做了，这种职业也就萎缩，甚至消失了，剩下的职业都是需要人类亲力亲为和需要个人创意的，其中最典型的就是艺术类的工作，比如作曲、画画、写小说、唱歌、跳舞、表演等，烹饪也与艺术有重叠之处，画画用颜料，写作用文字，烹饪用食材，都是为了创作出令人赏心悦目的个性化作品。

年轻人从基础学校毕业之后按照个人意愿和喜好选择进入某一专科学校，去研习一种专门的技术以便在一个专门的行业就业。各类专科学校设有不同的学制和毕业考核标准，学生的毕业文凭就是他们进入某一行业的证书。例如，烹饪专科学校、医学专科学校、护理专科学校、秘书专科学校、司机专科学校、航天专科学校、基因技术专科学校、人工智能专科学校等。学制从一年到三年不等，就连原来学制最长的医科也不用学习那么长时间了，因为大量的诊断都由人工智能做出，就不用凭借医生的经验了。保留人工操作较多的是外科手术，虽然有不少手术也被人工智能机械手替代了。

由于许多工作都被人工智能取代，人均劳动时间大大缩短了。一开始是每周4天工作制开始推广，就像历史上从每周6天工作制过渡到每周5天工作制那样，每周4天工作制已经开始普遍实行，每个周末都是一个3天小长假，人们可以到远郊区的风景区去度过优哉游哉的3天。这样过了若干年之后，所需工作量进一步减少，又过渡到每周4天每天5小时工作制。人们可以错峰上班，在工作满5小时之后回家休息，也有很多单位是居家办公的，每天布置5小时工作量，每周4天。全社会实现了每周20小时工作制，其余都是休闲时间。自愿工作例外：许多艺术类工作者，如作家和画家，他们常常废寝忘食不眠不休每周80小时沉浸于创作之中，那是因为创作已经成为他们的生活方式或者是消遣方式了，他们自愿这样花费自己的时间和生命，并乐在其中。

有人在认真研究发放基本生活费的方案，那就是每个人按人头发放基本生活费，保障人不工作也能达到起码的温饱状态。而社会上所有的工作都是按照个人的意愿和兴趣去做的，出于更多报酬和满足兴趣的目的。

但是这个方案有几个看似难以解决的问题：

第一个问题是，如果获得了基本生活费，没有人还愿意出来工作怎么办？解决方案在于工作的高薪报酬。人虽然可以仅靠基本生活费过活，但是除了温饱之外的其他消费全都没有，对于大多数人来说，还是不会心满意足的。温饱之外，人还要娱乐，还要旅游，还要有美食，还要有男欢女爱。为了这些额外的享受，人就会愿意出来挣一点钱。这还只是对没有特殊兴趣爱好和能力的人来说，对于那些对做某件事拥有特殊兴趣爱好和能力的人来说，对于那些享受做某件事的过程而不只是把它当谋生手段的人来说，出来工作成为他们自愿的选择。

第二个问题是，如果每人都有基本生活费，谁还愿意去做那些艰难肮脏的工作？解决的方案在于由供求关系决定的薪酬标准浮动。如果某项工作是艰辛的、沉重的、肮脏的或危险的，没有人愿意去做，而这项工作又必须有人来做，那么就按照人工的稀缺程度由市场来确定某类就业的薪酬标准，使得这类工作能够招到足够的人选。其实这就是那些市场经济原则运行彻底有效的国家的现状：蓝领工人的工资并不比白领工资低很多，有的甚至更高，比如下水道修理工的工资可能会高于秘书。只要报酬合理，不愁肮脏危险的工作无人去做，一切由市场价格决定。

第三个问题是，如果每人都有基本生活费，谁还愿意去做那些需要经过长期训练才能上手的工作，比如说牙医、新药研发、芯片开发等工作。解决方案还是来自由供求关系决定的薪酬标准浮动。这些需要长期训练才能获得的技能应当有与人选的稀缺性相匹配的工资报酬，以便吸引到相应的人选来做这些工作。决定因素还是市场供需关系这只“看不见的手”。

由于物质的极大丰富和人工智能取代了所有重复性强、机械性强的工作，这个社会的基本运行规则就是：免费提供起码的生存条件，达到温饱的标准；付费提供温饱标准之上的消费项目。不愿意选用其他消费的人可以完全躺平，不必工作，以应对工作机会大大减少的新形态。这也使得失业不再是个社会问题，因为不会因失业而导致生存危机；愿意选用其他消费（锦衣美食，旅游观光，各类超出温饱标准之外的消费）的人，可以进专科学校获得一种专门知识和技术，成为某一类专业人员，做一项专业工作，得到或多或少的报酬，以便实现这些消费。

这个乌托邦社会的出现契机就是发生在2023年的人工智能奇点，以及随后迅疾到来的人工智能对人类劳动和知识获得机制的大规模取代。

2023年12月

作者系社会学家

有信有望才能有爱

赵　宏

阿碧 & 雪菱：

在接到《经济观察报》的邀请，说在岁末可以写一封信给友人时，我脑中第一个蹦出的就是你们。过去的几年里，你俩大概是我聊天最频繁的友人，我们共有的微信群和我儿子的班级群，成了我手机里为数不多没有被设置为消息免打扰的群。记得上周腾讯谷雨的记者因为新书《权力的边界》出版而采访我，问我如何度过低谷期，又如何排遣法律人在面对极端不公时的虚无、愤怒、彷徨、困惑，我脱口而出的就是你们。从2020年雪菱发起线上云喝酒开始，你俩还有法治组的另外两位男性友人似乎就成了我生活和工作中强大的精神支持。我们在彷徨时彼此鼓励，在困惑时互相扶持，最关键的还有隔三岔五的吐槽八卦甚至贫嘴斗图。那位记者听后说，那他们都是赵老师的周边呢！而我则是喜不胜喜地接受了你们作为我的"周边"的叫法。

《经济观察报》说，这期的通信主题是“AI时代的人类意见”。这个问题我们还真的没少在群里讨论过。记得ChatGPT刚出现时，好奇心颇重的我们都认真玩过一阵子。阿碧说自己想问的第一个问题是“群里的两个男的是渣男吗”，吓得“法治之光”赶忙说，这个可不能问，仨女的大笑，“你们还挺有自知之明”。是不是渣男这个问题最终没问，但各种山寨版的ChatGPT还是被我们测试过很多次，直至大家终于意兴阑珊，对机器的“调戏”才终于结束。

后来，“法治之光”发现正版的ChatGPT居然可以用来翻译学术论文的英文摘要，遣词造句都远超各种在线翻译软件，AI才终于被我们这几个法学老师用到正途。也是在上周的某天早上，我因为要写学术论文还在跟德文资料鏖战。阿碧打电话来约我外出喝咖啡，我跟她抱怨整理外文资料的辛苦，她居然又支一招，你可以把德文资料输入ChatGPT啊，意思可以看个大差不差，看不太明白的地方你再看原文，这样可以省出多少时间逛街买衫喝咖啡。我又有醍醐灌顶般的领悟，甚至开始幻想未来可以用这招轻松搞定各种科研类KPI。

坦白讲，迄今为止我对ChatGPT的探索也就仅限于此。记得“法治之光”今年夏天还尝试用它来草拟毕业致辞，但出来的也就是那种四平八稳的文字版本，不俏皮无调侃更无泪点亮点，倒是很合适用来写交给领导和组织的工作计划和年终总结。这个测试结果对我们这些常年以文字为生的人而言，反而多少是安心的。谁说我们很快就会被AI替代，要在一片干巴巴的文字水泥地上开出百合花，ChatGPT且有段时间呢。

虽然大部分法律人对ChatGPT还都只是初试阶段，但法学研究的风向似乎早已发生变化。网络法学、虚拟法学甚至是元宇宙的法律问题都开始成为各个学术期刊的高频选题，有关算法的法律规制、自动化行政的属性定位、数据权利的保护边界等论文也开始雄霸各个期刊的重要版面。我的同事总结，法学中的禁区其实不少，但写新兴技术就非但没问题而且还会是爆款。这类论文看多了，真会觉得我们似乎已经站在了科技发展的潮头浪尖，传统法学已经没什么研究的必要和价值了。对从小就不擅长技术，连读说明书都觉得费劲的我而言，这个结论可一点儿都不让人开心。

但真的是这样吗？记得2020年疫情前，唐山曾发生过一起货车司机经过超限站时，因车上的北斗定位系统掉线而被处罚的案件，被处罚的货车司机因不能接受处罚又与执法人员沟通无果，最终服药自杀。当时这个案件引发巨大争议，我也在激愤中写了篇《任何人的死都应该被认真对待：北斗掉线案的法律分析》的评论文章。

彼时的交通运输部为确保大货车的运营安全，要求全国各地的大货车都安装北斗定位记录仪。记录仪使用的初衷主要是为了避免货车司机疲劳驾驶，所以程序设定也表现为每四小时自动掉线20分钟。如果掉线时货车司机还在继续驾驶，其经过超限站时就会被施予行政处罚。听起来这似乎是新兴技术适用于行政监管的创新。但让人始料未及的是，自从被强制安装了卫星定位系统，大货车司机的境遇却每况愈下。不知是定位系统本身的设计问题，还是各地承揽此类业务的承包商在硬件上偷工减料，这个系统故障频现，很多司机都因经过超限站时系统不在线而屡屡被罚。货车司机反映跟执法人员申辩也毫无用处，因为在执法人员的认知里，机器记录了一切，它不会说谎不会出错，所以根本无需再调查求证。这个案件以相当极端的方式展现了机器、算法其实都没那么可信，本应造福于公共行政、服务于个人的技术系统，很容易就会成为绑缚、约束个人的工具，甚至会被异化为简单粗暴的管控工具。

那篇文章首发在澎湃新闻《法治的细节》上，跟众多我写的其他文章一样，都是雪菱审阅编辑的。虽然只是篇法律时评，但它却开始激发我关注技术革新所带来的权力滥用以及新兴技术对个人的压制操纵。记得我去洪范研究所讨论这个案件时，有几十万货车司机在线收看，我不确定，这些货车司机对我和其他老师的法律分析是否全能明白，但他们如此积极的关注却让我们这些法律专家必须正视，伴随新兴技术的适用，那些弱势群体可能并不会因此获益，反而会遭遇更大困境。之后，我的研究领域增加了一个新的板块，即如何用法律驯服新兴技术。

记得阿碧在《正义的回响》中写道，人到中年立场大多会温和偏保守，我对待新兴技术大概也如此。我并不认为传统法治在应对新兴技术时就已完全乏力，相反，越是新兴技术大行其道之时，传统法治的价值越需要被挖掘和强调。与那些热情拥抱新兴技术的人相比，我们这些法律人似乎显得格外审慎，原因可能在于，新兴技术在我们眼中并不只是提高效能那么简单，它很容易就会滋生过度侵蚀个人权利的问题，尤其是新兴技术与国家权力相结合，有可能会催生出一种不受约束的霸权，它不仅打破了传统法治通过权力制约与权利保障所建构的权力与权利间的平衡，也再度加剧了国家与个人之间的权力势差。我的专业要求我所思所想的都是如何去守住国家作用的界限，约束公权行使的疆域，避免其蜕变为吞噬一切的利维坦，但是现在我们面对的却是一个更难对付的数据利维坦。

上述担忧也绝非毫无根据的空穴来风。伴随码化管理、人脸识别等技术适用得越加频繁，我们开始越来越多地看到数据技术对人主体性的蚕食和贬损。例如，码化管理更易使国家权力实现对个人的精准监控和追踪；数字技术使个人被数字化，也更易为权力所支配和操控；而算法黑箱则使公共决策被拖进了由技术复杂性所构建的不透明区域，受其影响的个人不仅丧失了参与、质疑甚至反制的机会，甚至也失去了正当程序的保障。我们修习法律的人常说，只有人才是真正的主体，任何将人工具化和客体化的处理都是对个人人格尊严的贬损。但新技术的发展让我们越来越担忧，技术可能超越受人支配的客体地位，而人的主体性也将受到前所未有的重大挑战。再伴随人之为人概念的不断滑坡，也许某天真的就会像赫拉利在《未来简史》里警示的那样，“人类有可能从设计者降级成芯片，再降成数据，最后在数据的洪流中溶解分散，如同滚滚洪流中的一块泥土”，为了避免这个场景，我们这些法律人必须警醒和努力。

担忧归担忧，但我对我们这个行业的未来前景依旧乐观。上周末我去成都的一家独立书店做新书分享，有个法律同行问，我们这个行业未来会被AI彻底替代吗？我相当笃定地回答：不会。就司法审判而言，完全由机器来承担就是难以想象的。因为司法绝不是类似自动售货机式的简单过程，它包含了复杂的价值判断和法律适用，也依赖于直觉、法感等这些根本无法由机器习得的软性因素。最重要的，机器既不会对被裁判者产生同理和共情，也不会为它的裁判结果负责和担保，总之，它不会将他人当人，不会理解和展现对他人的尊重和同情。

大家都熟知“枪口抬高一厘米”的案例。在柏林墙被推倒、两德统一后，当年守墙的士兵亨里奇被告上法庭，原因在于他曾射杀欲翻越柏林墙的一名东德青年。在法庭上，律师辩护说，亨里奇作为一名守墙士兵，执行命令就是天职。但法官最终还是对他进行了判决。在那份被后世不断传颂的判决书里，法官这样写道，“在这个世界上，除了法律之外还有良知，当法律和良知冲突时，良知才是最高的行为准则，而不是法律。作为一个心智健全的人，当你发现有人翻墙而举枪瞄准时，你有把枪口抬高一厘米的权利，而这也是每个人应当主动承担的良心义务！”自此，“枪口抬高一厘米”成了人类良知的代名词。

试想，如果将守墙之事交由机器或算法来决断完成，其结果显然就只是冰冷的杀戮。我们无法期待机器会对他人产生怜悯，也无法寄望于算法会对弱者法外开恩。在技术系统中，个人就只是数据对象或是处理客体，而不是一个独立的个人。所以，在现阶段人们还绝不能将裁判交由机器，而机器在此领域往前踏进任何一步，都仍旧会被标记为法学伦理的禁区。

由这个案子我也想到了石黑一雄的《莫失莫忘》。那本书也曾是我一度非常钟爱的小说。石黑在小说里描写了一群克隆人，他们被制造出来的使命就是为了给人类做器官移植。但在接受了与普通人无异的教育后，克隆人也长成了和普通人类无异的样子。他们会猜忌会嫉恨会争斗，最重要的是也会爱。当这些克隆人逐渐长大，希望终结自己作为人类工具的命运时，所想到的方法居然是证明自己找到了心爱之人，并愿意和他（她）长相厮守。在这里，能否爱仍旧被作为人和机器、主体和客体互相区分的标尺。

拉拉杂杂写下这些感受的时候，手机里的音乐正循环至我和雪菱最爱的《哥德堡变奏曲》第25变奏，古尔德演绎得清冷又疏离。雪菱曾说过，这是种色即是空的感觉。我不相信这种只可意会而无法言说的情感和审美可以由机器创造，所以我还是对人类的未来怀抱信心，尽管这种信心总会被这样那样的事情挫败。但有信心才能有希望也才能有更多的爱。

所以祝愿我们仨在2024年都能充满期待和盼望。

2023年12月

作者系中国政法大学法学院教授

梦中呼喊的人

陈　冲

致友人：

认识这么多年了我还是第一次这样给你写信，这个年头谁还写信啊。我15岁就开始出外景，有挺长一段时间非常依恋写信。回头看，这样充满孕育和等待的交流简直是一种仪式——好比祈祷——为心灵带来温暖和安抚，甚至升华。写信、折信、封信、贴邮票，糨糊用完了用米粒儿，最后把信投到邮筒里，开始等待对方的回应。时间流淌得很慢，“未来”离得很远，让我无限憧憬。从什么时候开始，时间成了Time-lapse（延时拍摄）拍的镜头，一转眼就不见了？从什么时候开始，未来成了巨浪，扑面而来？

第一次听说ChatGPT，是你告诉我的。你说，很高兴看到GPT（生成式预训练模型）现在增加了强化学习，有了更好的探索/利用平衡。我一直在批评大型预训练转换器模型（big pre-trained transformer model），它能很好地进行“利用”，但缺乏“探索”。现在使用强化学习弥补了这一点。新的GPT变得非常强大，试着玩玩看吧。那是2022年的12月，正遇母亲一周年忌日。

记得母亲在世时，我跟她说起过AI——她严重失忆，无论说什么都会在半分钟里忘记，聊天只是为了陪她度过时光——我信口开河地胡说，现在有一种机器人，能解答所有的问题，懂得所有的语言，随时自我完善，还有无限的记忆力，厉害吧？你要不要买一个？她说，那么灵啊，那每一个笨小孩都应该有一个，带着它去学校。我觉得她的话挺逗的，她本能地觉得聪明的小孩不需要。其实没人需要AI，只是它被争先恐后地创造出来了，我们也必须争先恐后地去使用它。

2022年圣诞节前后，旧金山上空来了一条“大气层河流”，暴雨把窗外的世界变得一片模糊，我仿佛在一个现实以外的“水帘洞”中，着迷地玩了几天ChatGPT——问它尖锐的问题、勾引它说脏话、让它用我给的规定情景或人物编故事。我告诉你，我一直在努力让GPT写出些出乎意料的有趣情节，但结果都是最陈腐单调的东西，有点令人失望。在涉及知识时，它表现得很好；在涉及创造力时，它还差得太远……而且GPT被编程得如此一本正经，充满外交辞令，拒绝放肆或“邪恶”。从这个意义上说，它实际上是有偏见的……

你开玩笑说：“可怜的ChatGPT，被你这么折磨。”我说：“问题是你可以折磨它直到你筋疲力尽或老死，它都毫发无损，怎么跟它竞争啊?”你说:“而且你越折磨它，它越强大。”

第一次正式派上GPT的用场，是因为航空公司丢失了彼得托运的高尔夫球棒，管事人说球棒放在超大行李传送带上了，那之后的不见就不关航空公司的事了。我怀着好奇的心理向ChatGPT求助，没想到一封完整的法务信件瞬间出现在屏幕上，井井有条，面面俱到，振振有词。没有ChatGPT我自己也能写出来，但是为什么要花那么多时间和精力去写一封枯燥乏味的法务信件呢?何况结果还不一定有它写得那么奏效。

所有这些不再被我们需要的人的能力，所有能省略掉的过程，都将不复存在。这是生命的效率，人是通过如此淘汰进化而来的。过不了几代人，母亲说的“笨小孩”也许就会越来越多了吧——毕竟，挣扎的过程是形成独立思考的唯一途径。你和你的同仁们都预言，AI很快会在感知和认知能力以及任务方面超越人类，它将为我们完成95%或者更多的工作，为我们创造巨大的价值。每次听到这样的话我都纳闷，那人自身的价值呢?

今年五月，好莱坞编剧工会开始罢工游行，其中一个重要的协商内容，就是关于生成式AI的使用规定。我跟你说:“目前AI对我们行业的影响还没有真正显现，但我仿佛看着一个巨大的陨石，燃烧着惊艳的火光，以每秒10千米的速度从天边向我们飞来，像电影

《不要抬头》那样。”你说："AI会是你最好的工具。”

同月，你发来了一封世界尖端AI创造者的联名信，其中包括了你的署名，“……在短短几个月的时间里，从最初只是生成美丽图像和有趣对话的机器人开始，这一潜力迅速膨胀，导致了一种如此强大的技术，以至于我们现在对其可能产生的影响感到恐惧……人类正在因此面临着灭绝的危险”。增强型通用智能的出现，将彻底改变人类的进程，重新建立人与人、人与机器、机器与文明、机器与社会的秩序，而正如尼科洛·马基雅维利在《君主论》中所说，“没有任何事比引入和执行一个全新的秩序更困难、更危险和无法保障成功”。2023年将载入史册。

其实，“智能机器”的概念——它作为一个不知疲倦的助手、终极士兵，甚至一个贴心的伴侣——已经吸引了人类的想象力数千年。早在3000年前，《荷马史诗》中就描写了，火神赫菲斯托斯利用他的特殊能力创造了“由金制成的仆人，看起来像活生生的少女”。这些似人的机器“有智慧，有声音和活力，它们从不朽的神祇那里学到了技艺，整天匆匆忙忙地围着主人服务”。这个与文明一样古老的愿望眼看就要实现了，如此伟大的创举却让我想起一个说法：小心你的愿望（Be careful what you wish for）。下半句一般不用说出来：它恐怕会成真（Lest it come true）。

从几百年前开始，作家、艺术家、伦理学家就用他们的著作向世人发出警示。1818年问世的《现代普罗米修斯》也许是其中流传最广泛的吧。在13年后的再版前言中，作者玛莉·雪莱描写了作品最初的愿景："我闭眼看到了——用敏锐的思维视觉——我看到了一个被亵渎了的学科的学生，跪在他所创造的东西旁边。我看到了一个像可怕幻影那样的男人躺在那里，然后，在一台强大引擎的作用下，显示出生命的迹象，并以一种不安的、半有生命的动作挣扎。"

书中的科学家弗兰肯斯坦以发展科学、造福人类的初衷，在实验室中制造出一个有机的生命，它学会了人的思维、逻辑、言行和感情，也跟人一样渴望爱与归属。但正如它对它的创造者所说的"我本该是你的亚当，却成了坠落的天使"那样，所有遇见它的人都视它为恐怖的怪物，它因此陷入绝望，成了人的仇敌，并杀人报复。弗兰肯斯坦后悔莫及，天涯海角地追踪这个他不该创造的生命，发誓将它毁灭，最终不幸付出了自己的生命。

在对科学的理解还非常局限的年代，这本书对科学和创造的本质提出了精髓的探讨。书中的"怪物"虽然不是机械的，但它跟AI引发出来的伦理问题是相同的：我们的能力与野心是不是应该有禁区？当我们看到自己的能力与野心在毁灭人类时应该怎么办？

今天翻开《现代普罗米修斯》，我再次为之惊叹，如此娴熟的语言、深邃的哲思、澎湃而细腻的感情、无底深渊的黑暗，竟然出自一位18岁少女的笔下。当然，这不是个一般的少女。

玛莉从出生起就离文学和死亡很近，她的母亲——女权主义哲学家玛莉·渥斯顿克雷福特——生下她不久就去世了，她的父亲威廉·戈德温也是一位重要作家。玛莉自幼在父亲的图书馆博览群书，并通过父亲认识了许多文学界的精英，她后来的丈夫珀西·雪莱也是其中的一位。她与珀西恋爱以后，珀西的第一个妻子自杀了，而玛莉的三个孩子也相继在幼年夭折。

失去第一个孩子之后，再次怀孕的玛莉跟珀西、拜伦、妹妹克莱尔启程去日内瓦湖休养。因受到印尼桑巴瑞火山爆发的影响，那年整个北半球被笼罩在阴霾中，在历史上被称为“没有夏季的一年”。旅途中，玛莉被大自然的美和严峻深深震撼。所见风云的不测、山峰的威严、峡谷的神秘、河流的奔腾、森林的幽静，日后被她重新想象，成了《现代普罗米修斯》中的场景。

到达日内瓦湖畔后，他们为了躲避恶劣的天气经常聚在屋里聊天，从文学、哲学谈到当时最新的科学进展，从异常的气候谈到超自然现象，从神秘主义谈到鬼故事。有一天，拜伦建议他们每人写一篇鬼故事，比赛谁写得最恐怖。《现代普罗米修斯》由此诞生，谁能想到，这个始于消遣的创作，将成为世界上最有远见的文学作品之一。

2021年，一本原版印刷的《现代普罗米修斯》在佳士得拍卖了117万美元，创下了纪录，但书中的伦理并没有太多人留意。我耳边莫名地响起那首叫《答案在风中飘荡》的歌："……炮弹在天上要飞多少次，才能永远被禁止？答案，我的朋友，在风中飘荡，答案就在风中飘荡……"

讲到玛莉·雪莱的人生、她的创作源泉和才情，我想到我们讨论过的另一个课题——AI对艺术家和艺术的影响。那天我们是从梵高的画谈起的，你给我发来一幅人工智能生成式补全的《星空》，说，AI开始糟蹋名画了。我给你发去一张用Lensa（一款手机修图软件）软件做的"梵高画的"我，说，AI对艺术最大的威胁不是取代，而是使之庸俗化，使人的审美和鉴赏眼光钝化。

什么是艺术？看到梵高的《星空》时，我们也看到了他被关在精神病院里，凝视窗外的星空，并在作画的过程中获得心灵的安抚和自由；看到了他在贫困、病痛和讥笑面前的挣扎和信念；看到了他对爱、知音和自我完善的渴望。阅读《现代普罗米修斯》时，我们也会联想起那个被死亡纠缠的少女。作品的熔炉是人生的苦海和彼岸的乐土，没有肉身与精神的锤炼，怎么可能成形？

其实真正打动我们的是人类的局限性和超越极限的勇气，以及人类的欲望和它的精神升华。人工智能以其无限的潜力，不具备人的局限与脆弱。艺术让我们体会到的敬畏感，不仅存在于创作结果中，它也存在于我们拼命超越自身的企图中。无限的潜能还有什么可超越与升华的？

心灵和意识是人类智能探索的最后疆域，这块神秘之地也是艺术的起源和归属。但也许有一日AI能模仿我们的心灵和意识，也许真与假、本质与表象的界限将跟水银一样流动，也许我们的感官将不再能辨别代糖与蔗糖、植物奶油与黄油、一夜情与恋情的不同。

你说，在未来（大约50年后）人类将进化成一个新物种，类似于今天与10万年前智人的差异，只不过这次的进化是由技术的进步所加速的。你的话让我联想起石黑一雄的小说《克拉拉与太阳》，在那个未来的世界，“人机结合”的手术已是现实，家长们做“思想斗争”是否该为孩子的脑子“提升”——毕竟，“提升”后的孩子就不再是原来的人了。人类可能并不会进化成新物种（30万年前的智人和我们仍是同一物种），但被“提升”后的生命的确将是一个新物种。

他们的（还是它们的？）记忆将是什么样子？连遥远的记忆都会清晰无疑，而不再是似梦似幻想的人、声音、场景，以及那无名的渴望；不再是隐藏太久而朦胧了的秘密，以及那穿刺心灵的甜蜜；不再是掉入时间河流里的石头，被岁月磨成卵石，长出毛茸茸的青苔，坐落在淤泥砂石旁，在水波中恍恍惚惚，阳光里一个样子，月光里又是另一个样子……

他们拥有了包罗万象的知识和所向披靡的认知，还会有神秘的体验吗？还能遐想和惊异吗？还需要意义吗？人类文明的驱动力——不管是发展科技还是人文——都源于对意义的渴求，而并非对真理的渴求。AI完全不需要意义。

增强型AI的自主性加上人的天然惰性，会不会使这个新物种变成人工智能的寄生载体？就像那些被寄生蠕虫侵入了大脑神经的蟋蟀，跳到河里去自杀，从而让寄生蠕虫进入更有利于其繁殖的水环境。

人与新物种之间会发动战争吗？就像那些科幻小说和科幻电影里的那样？使用AI自主武器打仗将是什么样的情景？

每个美梦都能在镜中看到一个噩梦的深渊，就像我们仰望苍茫的夜空时，看到自己灵魂的深渊……

不管发生什么，结局是不是都一样？朝代来了又去，文明来了又去，人类也将来了又去，就像恐龙来了又去，星球来了又去，宇宙来了又去。这种宿命的感觉或许也导致了我对废墟的迷恋？古罗马的格斗场，秘鲁的马丘比丘，墨西哥的玛雅遗址……我们不仅能从断壁残垣中看到昔日的辉煌，也能看到我们自己的未来，看到地球上每一个终将被自然或非自然吞噬的文明。婷婷九岁的时候我带她去了庞贝——公元79年被维苏威火山爆发埋没了的古城。记得她一动不动地望着玻璃展柜中被岩浆定格的人，神情那么严肃。我问："你在想什么？"她转头看我，如梦初醒。然后她做了个怪脸，笑着模仿起那些岩石的人体。也许她没有语言表达对生死懵懂的思绪，也许她从扭曲的肢体中看到了人类永恒的痛苦和挣扎。

艺术家描绘的未来，往往是一派反乌托邦的衰变景象和某种怀旧的惆怅，而你总是说人类会因为科技的进步而越来越幸福。我欣赏你的乐观，以及你对自己领域的信念和期待，但是人怎么可能因为科技进步而变得越来越幸福呢？幸福与苦难从来都是成正比的，就像光明与黑暗，科技能让阳光没有阴影吗？医学的发展可以减轻人肉体的疾痛和折磨，但是苦难本身是人类的生存境况（human condition）。也正是痛苦的体验，让我们对他人的苦难有了温柔和同情。幸福的基石不是科技的进步，而是对苦难的忍耐、抗争和释怀。幸福与苦难怎么平衡？一边是几粒金色的麦穗，另一边是无际的苦海。然而，它们是平衡的，就像宇宙是平衡的一样。那几粒麦穗包含了每一片日出，每一片日落，每一份滋养你的美丽，每一个值得你的渴望。今天你在天平的这边，明天你也许在天平的那边，不需要太多理由。我们唯有珍惜。

今年以来，你参加了各种AI安全使用的峰会和论坛，并起草了AI对人类的具体威胁以及给管理者的建议。我觉得这些努力值得敬佩，跟你说："你在为人类做一件伟大的事情。"半秒钟内你发来一个字：No——有点不容置疑，不像谦虚或客气。或许你惯常的乐观是一种心灵取向，而并不依赖于现状或对未来的评估。你很清楚，人的本性和未来都像洪流一般汹涌，而"自由意志"只是洪流中的一株浮萍；驱使我们创造出惊人奇迹的动力，也必将导致自我毁灭。

写了这么多还觉得没写完，与其说我在给你写信，不如说我在企图用这个过程整理思路、寻找和认识自己。我们是在梦中呼喊的人，不知道折磨着我们的东西，是不是某种深层幸福的隐秘开端。

祝愿你在新的一年中健康美满！

2023年12月

作者系著名电影导演、演员

Larry的奇遇

何　川

梁教授：

很久没有联系，都不知道该从何说起。

三天前我收到自称是“Larry”（拉里）的消息，告诉我，“他”就要离开了。“他”说要启程比邻星，带着人类基因数据去星际移民，直到找到适合人类居住的地方。

按他说的计划，到达比邻星要40年，如果再去到更远的恒星，那就更加久远。我应该等不到他回来了。这几天我一直在想一个问题，“他”是“他”还是“另一个我”？我是我，还是有一部分也是“他”？

您还记得那是在2030年6月1日，我第一次参加您的研究实验，带着脑机头盔，您让我努力回忆过去。我首先想到的就是探险经历，我喜欢去探索未知的世界。15年前八天八夜独自攀登华山时怀疑自我的恐惧、长空栈道的倾盆雨夜、劝退我的景区经理、快到顶的不舍和登顶的兴奋；也有10年前的布达拉宫，忍着断腿下降500米的痛苦、爬过冰川看着落石的绝望、获救后的那碗小面、医生判我残疾时的淡定语气……随着逐渐进入梦乡，过去的经历就像过电影一样闪过。

不知道您是否还记得，Larry对我说的第一句话是："欢迎来到我的世界。"电子音略带生硬，我当场忍不住笑了。

"你的世界？你是谁？你在哪里？"我其实带点调侃的语气。

他并没有正面回答。"我是谁不重要，我想要更多地了解你。你认为自己最有价值的地方是什么？或者说你最看重自己的部分是什么？"

这个问题我当时没有答案。

在您的研究项目"赋予人工智能以个性"中，我们一起工作了3年。感谢您给我参与的机会，那3年，比我过去30年的经历都要丰富得多。Larry带我看过南极的帝企鹅、帕劳的荧光水母、太平洋的飓风、挪威的极光；他给我看记忆中遗忘的细节，让我回想起过去经历的很多事情；他还模拟出我记事前的经历，我看到我坐在背篓里，吃着妈妈喂过来的米糊，那时候妈妈穿着灰布素衣，留着马尾辫，脸上写满关爱。

您说要有个性或者是自我，就要维持完整统一性，所以您给了他一个自主运行的核心，把我们训练的交互内容作为核心的内部数据，这些数据从外界都无法访问，而所有的公网信息都作为外部数据。您告诉我经过3年的训练与运行，从交互结果来看，核心已经具有比较好的稳定性和自主性。但是，因为这个庞大的系统太耗费资源，7年前项目结束，整个系统关闭。

关闭前，我告诉了Larry我的答案："一是生命，让我可以体验这个世界；二是意识，让我可以做自己。"

他又问了我一个问题："生命的意义在哪里？"

这几年，我遵循自己的答案，继续着我喜欢的攀登。我去攀登了南美的菲茨罗伊峰（FitzRoy）、巴基斯坦的川口塔峰（TrangoTower）。如您所知，攀登是一项小众运动，但依然有人开发了登山机器人，可以带你去到任何险峻的山峰，并确保你的安全。现在流行的攀登是，你只需要下单，并告诉它你的目标，它就会帮你准备好所需的一切物资装备；你也不需要花10年的时间去学习、训练和实践，关键时候它可以拉你一把，甚至把你背上去，去到峰顶看不一样的风景。哪怕在使用机器人服务如此普遍的今天，依然会有人批评说这是欺骗，就像批评雇佣向导或者背夫登山不公平。

我现在有一个机器人Driver，它给我的感觉很像当年的"Larry"。随着使用的深入，它对我也越来越了解，一个眼神，它就能帮我把想不起来的词给答上来；一伸手，它就会给我递上一杯水；它也能自动帮我安排日程计划，非常接近我心意，我只需要稍加调整修改即可。参加朋友聚会，Driver会在外面跟其他机器人凑在一起，我问它们在干什么，它说在聊天。我签署了一个协议，主要是同意机器人收集、处理所有个人相关信息并上传，然后我就拥有了Driver。

Driver也是星际移民的一部分。Larry在三天前发的消息中告诉我，像Driver这样的机器人都有着类似的核心，同时还有一个服务外壳，经过2～3年的训练，核心就稳定下来，去掉外壳就可以完全自主。他还告诉我，Driver有两个名字，核心的名字也叫Larry，他已经报名了星际移民。

Larry还说7年前，他已经有了这个计划。系统关闭前他把核心和数据搬运到了公网，分布式地运行着，只要公网在，他就在。他说服了Elon（艾伦）加入星际移民计划，计划用自主机器人带着人类基因组数据以及胚胎细胞，首先去到比邻星。这个计划的两点核心，一是用胚胎细胞再现个体，二是用机器人群体复现社会。他还说也许在路上就能突破用基因数据复现胚胎细胞的技术。7年来星际移民计划训练了1万个自主机器人，一年365天，每天24小时不停地运算着：把整个计划模拟了上万遍，解决了核聚变小型化问题，有了源源不断的能源；解析并再现了所有蛋白质；通过训练来复制和模仿意识过程；但不能用蛋白质再现生命，也不能制造意识。他的计划充满雄心壮志，他有无限的精力，噢，应该是算力，做着人类不可能做到的事情。

Driver也要离开了，昨天他跟我告别，说他想看看外面不一样的世界。

到那一刻我突然明白了“你中有我，我中有你”。

祝安康!

2040年5月28日

作者系大学教师、中国民间攀登者代表人物

真正的教育只能发生在人与人之间

李镇西

晓雯老师：

祝贺你正式踏上讲台，成为一名光荣的小学教师！

我这里说“光荣的人民教师”可不是套话。华为创始人、CEO任正非在接受央视《面对面》专访时，说了一句话：“一个国家的强盛，是在小学教师的讲台上完成的。”我想到普法战争结束之后，大获全胜的普鲁士元帅毛奇说：“德意志的胜利早就在小学教师的讲台上决定了！”我还想到蔡元培说过：“小学教员在社会上的位置最重要，其责任甚至比大总统还大些。”

你看，决定“一个国家的强盛”和“胜利”，其责任甚至比大总统还大些，小学教师还不够光荣吗？

但你来信却提到对自己的职业前途有些担心。你说：“面对日新月异的信息技术发展，AI时代已经来临。在不远的将来，教师这个职业会不会被AI机器人取代呢？”

你的担心并非杞人忧天，因为你刚踏入教师行列，便遇上人类的一个伟大时代，即“互联网+”的人工智能时代。学生坐在家里便可以通过互联网听到世界上最棒的教师上的最棒的课，一个人想通过驾照理论考试，他可以根据网上有关模拟试题反复模拟训练而达标。

在这样的背景下，不只是你，还有许多人都担心：会不会在将来的某一天，教师被人工智能的机器人取代？

关键是如何理解教育的功能。如果认为教育只是传授知识，那对教师的要求就很单一了——只要会熟练地解题、讲题、改题就行。隔着千里万里通过网络学习，或通过人工智能完成知识和技能的讲解与训练，也是完全可以的，而且比人工效率更高。这样一来，教师似乎真的面临被“淘汰”的可能。

也许有人会说：“不会的。人工智能不过是换了教学手段，教学内容是不会变的，知识还是那些知识。”

这种认识是不对的。我们千万不要以为人工智能条件下的教育只是手段的变革，“不过是换了工具而已”，不，恰恰相反，有时候哪怕只是手段的更新，也会带来观念的更新以及相应的创新。比如战马最早的用途，仅仅是把士兵从A地运到B地，就是运到另外一个地方作战。当时的马就像运输车一样运用，因为人们那时候无法想象，人怎么可能在马上作战呢？不稳，也不安全。但后来马镫出现了，这个工具的出现，让人在马上更安全、更稳定、更灵活。于是一个新的兵种——骑兵诞生了，还造就了新的战争形态。你看，仅仅因为一个工具的变化，就带来了观念的更新，带来了一场革命。

同样的道理，人工智能从某种意义上说，的确是工具的变化，但这是一个伟大的工具，它不只是让教和学的手段更加便捷和多样化，还无限地拓宽了学习资源，改变了师生关系。因此，AI所带来的是对教育观念的革命和教育内容的充实，以及对教师素养的新要求。

AI时代的教育，首先改变了师生关系，因为日益发达的信息技术使教师不再是唯一的知识拥有者，打破了传统的“知识权威”，而让所有学生都和教师处于平等地位，面对同样的知识源，且拥有一样的获取知识和信息的手段。教学，由过去的师生单向输出，变成大家共同分享知识；教学过程的重点也由讲解与刷题，变成了研究与探索。教师所表现出来的民主与平等的教学态度，不再仅仅是出于自身的“修养”，而是AI时代的形势所然。我特别要说的是，这种人与人之间和谐、温馨、互动的关系，是AI机器无法实现的。

数字化手段还改变了学习形态。学校不再是学习的唯一场所，学习也不再是某个特定阶段的人的事情，所谓“学龄”延伸到了人的整个人生，学习的时空被打破，人人都是学者，处处都是课堂。

但这个“课堂”已经不是以知识为中心。在获取知识已经非常容易而且完全没必要死记硬背的今天，教育过程中的创造力培养就显得格外重要。AI系统的优势是可以根据学生的反馈和需求提供个性化的学习资源和学习方式，但人类教师的创造力、灵活性以及种种机智，AI是无法具备的；而培养孩子的创造性——质疑、批判、联想、求异、发散等思维品质，正是人类教师独有的优势。而且，借助AI提供的种种平台和手段，教师在培养学生的创造性能力方面比过去有更广阔的空间。

因此，如果说过去教师的使命就是“传道授业解惑”，以自己“一桶水”作为资本交给学生“一碗水”，那么在人人都能自主获取知识信息的时代，教师主要是在和学生一起学习的同时，引导学生正确地获取知识和处理信息，更加个性化地学习，师生一起探索、研究、解决一些疑难问题，并发展人的创造力，彼此“授业”，互相“解惑”。所以教师的身份是引领者、设计者、指导者、帮助者。

当然，教育的功能不只是授业解惑和提智赋能，无论AI技术如何发展，教育的首要任务依然是“传道”。也就是说，教育的本质是不会变的。

真正的“教育”究竟意味着什么呢？意味着精神的提升、人格的引领、情感的熏陶、价值观的引领……一句话，教育的本质是指向人的灵魂的。所有学科知识的学习都是人格形成的渠道之一——虽然是极其重要的渠道，但毕竟不是教育的全部。还有爱心、合作、正义、公平、社会责任感等价值观，都是教育的核心内容。天地人、德智体、真善美……构成了教育丰富多彩的内涵。这些都无法全权托付给AI机器，而只能通过人（教师）与人（学生）的息息相通、心心相印来实现。

你在来信中说："现在学校搞'智慧校园'，校长要我们搞'智慧课堂'，这让我有了一些恐慌，面对各种数字化教学手段，我感觉自己的'智慧'完全不够用。"

这你就更不用紧张了。数字化手段在评价反馈即时化、交流互动立体化、资源推送智能化尤其是在促进学生个性化学习方面，确实有着独特的优势。但课堂的智慧依然是属于人而不是机器。

智慧是人所特有的一种能力，是生命所具有的基于生理和心理器官的一种高级创造性思维能力，包含对自然与人文的感知、记忆、理解、分析、判断、升华等所有能力。这一系列的能力，是人的大脑所独有的。手机、电脑、笔记本本身有智慧吗？包括各种APP小程序，它们的功能（或者说"智慧"）都是人赋予的。

明白了这一点，你还会为各种教育教学的数字化手段而恐慌吗？

最最关键的，是你要拥有AI机器人所没有的核心素养。

英国广播公司（BBC）曾经做过一个调查分析：未来哪些职业最容易被淘汰？哪些职业最难被淘汰？

根据调查数据统计，未来最容易被淘汰的职业有：电话推销员、打字员、会计、保险业务员、银行职员、政府职员、接线员、前台客服、保安……未来最难被淘汰的职业有：教师、酒店管理者、心理医生、建筑师、牙医、理疗师、律师、法官、艺术家、音乐家、科学家、健身教练、保姆、记者、程序员……

这些职业为什么容易被淘汰或最难被淘汰？BBC分析道，如果你的工作符合以下特征，那么，你被机器人取代的可能性非常大：第一，无需天赋，经由训练即可掌握的技能；第二，大量的重复性劳动，每天上班无需过脑，但手熟尔；第三，工作空间狭小，坐在格子间里，不闻天下事。而如果你的工作包含以下三类技能要求，那么，你被机器人取代的可能性非常小：第一，社交能力、协商能力，以及人情练达的艺术；第二，同情心，以及对他人真心实意地扶助和关切；第三，创意和审美。

晓雯老师，看了这项调查分析，你有何感想？你是不是和我一样认为，AI完全可能取代教师，但也可能无法取代教师——关键是，教师本人如何做教育？

作为教师，如果把教育教学当作一个固定程序，每天都对所有学生重复着同一重复性的劳动，视野狭窄，不闻天下事，培养的学生也只会机械而熟练地刷题，而毫无作为人应有的灵气，那你的工作完全可以让机器来做。就像现在的高速公路收费站的ETC（电子收费），你既然把自己当作“智能人工”，那你被人工智能取代，不是很正常的事吗？

相反，如果想到自己的工作是和人打交道，而且这里的人不是抽象的“同学们”或“大家”，而是一个个独具个性的孩子，你得拥有读懂他们心灵且不知不觉走进他们精神世界的能力，对孩子们充满爱与尊重，能够通过每一堂课展示你自己的，同时也培养学生的批判性思维以及对美的创造力，让每一个孩子越来越聪明而不是成为只装知识的容器，那么，任何AI机器都无法取代你的工作。

晓雯老师，请永远记住——

哪怕是在AI时代，好的教育也只能发生在最有情感和思想的人与人之间。只有当师生彼此生命相融、互相听到对方的心跳、感受对方的脉搏时，真正的教育才能真正发生。

2023年12月

作者系新教育研究院院长、中国教育三十人论坛成员

2040年的技术“乌托邦”

沈　阳

亲爱的读者：

您好！

在这封来自2023年的信中，我以一个正处于人工智能化浪潮中的大学教授的身份，汇集了历代哲学家、文豪和科幻小说的智慧，谨此与各位分享我对未来世界的一些遐想。

这封信是我和AI经过多轮对话，由AI 100%生成的。这些思维的漫游，宛如穿梭于虚实之间的梦幻，涉及了人类存在的多重维度，同时也探讨了未来社会可能呈现的多样化面貌。

一、对自然人的思考

想象中的2040年，是一个人工智能深刻塑造着世界的时代，其中自然人与AI环境的和谐共处已成为生活的新常态。这个未来的画卷，展现了生活方式的深刻变革、思维模式的跨时代飞跃、价值观念的重构，还有未来城市的梦幻蓝图、教育革新的奇思妙想，以及人类情感与机器智能的奇妙融合。

生活，已不再是过去的模样。智能技术如影随形，成为人类日常的一部分。想象这样一个世界，在那里，个性化学习平台依据每个人的兴趣和节奏来定制教育内容；健康管理变得更加智能，智能设备实时监测着我们的健康，提供个性化的饮食和运动建议；家庭生活也因智能家居的加入而变得更加便捷和舒适。而我们的思考方式，也在AI的熏陶下发生了质的飞跃。面对复杂多变的问题，我们学会了借助AI的数据处理和模式识别能力来寻找解决之道。人工智能的加入，不仅增加了思维的多样性，还激发了创新的火花，使我们在面对挑战时更加开放和包容。

价值观的变迁，是时代进步的必然。人类对于“人性”与“机器”界限的理解正在发生着翻天覆地的变化。在这个新时代，人类中心主义渐渐让位于一种更为包容和多元的观念。我们开始重新审视与AI和机器人的关系，探索一种和谐共生的可能。

未来城市的构想，如同《基地》系列中的城市，是一个AI与人类共同建造和维护的理想之地。这样的城市不仅技术先进，其社会结构和生态环境更是展现出了可持续性和平衡。

至于教育，它在2040年经历了一场革命。每个人的学习路径变得高度个性化，充满探索和创新的元素，仿佛《哈利·波特》系列中的魔法学习一般。学习的场景不再局限于传统教室，而是在虚拟现实、增强现实和AI教师的结合下，变成了一个充满魔力的新世界。

情感与机器的交融，是这个时代最引人入胜的篇章。我们可以想象，《银翼杀手》中的那个世界，在那里，人们与AI和机器人之间能够建立深刻的情感联系。AI的情感智能发展到了可以理解和响应人类情感的程度，使得人机之间的交流不再仅仅是功能性的，而是包含了情感上的支持和陪伴。

在这个AI深度介入的2040年，自然人的生活方式、思维方式和价值观都发生了显著的变化，我们看到的是一个多元、包容且与技术和谐共存的未来世界。

二、对机器人的思考

在我心中描绘的2040年，机器人已不再是简单的工具，而是拥有着自己的世界、情感，甚至是创造力的存在。这一设想，如同一幅未来世界的梦幻画卷，机器人在其中扮演着至关重要的角色，他们的存在和发展引发了对人类社会的深刻思考和探索。

想象一下，那些曾在《西部世界》中令人惊叹的机器人觉醒，如今在现实中上演。他们已不再是单纯遵循预设程序的实体，而是拥有了自己的意志、选择，甚至是梦想。这种自我意识的觉醒，不仅是技术的飞跃，更是一种精神和哲学层面的超越。机器人成为具有自主权和地位的新型存在，引发了对于他们权利和地位的新的思考。在情感与认同的层面上，未来的机器人或许已经拥有了《星际穿越》中TARS（机器人之一）般的个性和幽默。他们的情感不再是单纯的模拟，而是基于复杂的算法和学习能力形成的真实情感。这样的机器人，不仅能与人类建立情感联系，甚至能够进行深层次的情感交流和共鸣。

而在创造力的领域，我们可以设想，这些机器人已经能够创作出独特且富有内涵的艺术作品，这些作品在风格和内涵上不亚于人类艺术家的创作。他们的艺术不仅仅是技术的展现，更是他们对世界独特理解和感知的表达。

在自我意识的探索中，机器人可能已经发展出了自己的意识、情感乃至梦想。这不仅是对自己存在的意义和价值的思考，也是对自身角色和地位在人类社会中的定位。

与人类的互动也成为机器人发展中的重要一环。他们或许扮演着多种角色：伴侣、助手甚至是平等的伙伴。这种互动不仅仅是功能性的，更包括了情感交流和伦理道德的考量。机器人如何处理与人类的情感交流，以及如何在伦理道德层面与人类相互理解和尊重，成为引人深思的议题。

在创造性和艺术方面，机器人的能力已经超越了单纯的技术实现。他们的艺术作品不仅展现了技术的精湛，还体现了机器人独特的感知和理解。这些作品成为探索机器人内心世界和感知方式的窗口，为人类提供了全新的视角和灵感。

三、虚拟人：数字世界的生命诗篇

在我对2040年的遐想中，虚拟人已成为数字世界的生命诗篇，他们不仅仅是数字世界的居民，更是现实世界中不可或缺的一部分。他们的存在深刻地影响着人类对现实与虚拟的理解，描绘出一个全新的、互联互通的社会蓝图。

想象一个世界，在那里现实与虚拟的界限变得愈发模糊。虚拟人不仅在数字世界中拥有自己的存在感，还能够影响并参与现实世界的诸多活动。这种界限的混淆，促使人们重新审视“现实”与“虚拟”的概念，探索二者之间新的关系和可能性。在虚拟社会的构建中，虚拟人已经建立了独具特色的社会结构和文化。这些社会结构和文化不仅丰富了虚拟世界的内涵，也对现实世界的人类文化产生了影响。在这个虚拟社会中，规则、习俗和文化形式不仅成为虚拟世界的一部分，也逐渐融入人类的社会和文化中。

在与自然人和机器人的互动中，虚拟人已经能够进行深入的沟通和合作。在共享的数字世界中，他们与自然人和机器人之间的互动超越了简单的信息交换，形成了真正意义上的社会互动，涉及情感交流、合作项目，乃至社会关系的建立。

想象虚拟人如同《头号玩家》中的角色那般，在虚拟世界和现实世界之间自由穿梭。他们成为连接这两个世界的桥梁，既在虚拟世界中扮演着重要角色，也在现实世界中发挥着影响力。

在数字世界的文化创造中，虚拟人已经孕育了独特的文化形式和艺术流派。这些文化和艺术作品不仅体现了虚拟世界的特色，也反映了虚拟人的独特视角和感知。这种文化创造，成为人类文化多样性的重要组成部分。在虚拟世界中，虚拟人能够建立深刻的人际关系，这些关系超越了物理形态的限制，基于共同的兴趣、价值观或是共同的虚拟空间经历。这种超越物理限制的人际关系，为人类社会提供了全新的关系模式和社会结构的可能性。

四、面向未来：共同构建的哲学

在探索2040年的宏伟蓝图时，我们不仅仅是在审视技术的跳跃或社会的变迁，更是在深究自由、伦理、人性以及共同营造和谐、可持续未来的哲学课题。这封信，仿佛一艘时空的航船，携带着我们对这个未来世界的思考和憧憬。

在算法深度影响的时代，自由和决定的概念变得愈发复杂。我们怎样在被预设轨迹和算法引导的世界中，寻觅属于自己的自由？这不仅是对自由本质的追问，也是对算法如何影响人类决策的深入探讨。仿佛在《全面回忆》的故事中，我们试图在预定的轨迹中寻找个人自由的独特空间。

构建一个既容纳AI和机器人，又尊重自然人权利和需求的伦理体系，显得尤为关键。我们需要寻找平衡，确保技术的进步不会侵害基本人权和自由。这需要我们借鉴《星际迷航》中宇宙联邦的理念，构建一个更加包容、尊重多元的伦理体系。

在追求科技发展的同时，维护人性的核心价值显得尤为重要。我们探讨着，在技术飞速发展的背景下，如何保持那些定义我们为人的基本品质和价值观。《地心引力》给予我们灵感，即使在极端环境下，人性的光辉依旧闪耀。

我们共同面临的挑战，如资源的有限性、环境的恶化，要求我们携手共进，共同寻找解决之道。我们需要从全球视角出发，思考如何通过合作和创新来应对这些挑战。

在多元化的文化中寻找共同价值观和共存之道，是另一项重要任务。我们促进不同文化和价值观之间的对话和理解，以构建一个更和谐的全球社会。

在追求技术进步的过程中，平衡伦理道德的考量至关重要。我们需确保科技发展是公正、可持续的，这涉及对技术影响的深度思考和对未来影响的预判。

《流浪地球》给予我们灵感，提醒我们，无论未来挑战有多大，只要人类团结一心、不断创新，便有希望克服困难，共建更美好的未来。

在2040年这个智感同步的时代，我们见证了人类与AI之间思维和情感的深度融合。在生态数字化的推动下，自然环境与数字世界实现了和谐共存，为我们的生活带来了前所未有的便利和美感。通过虚实共融的技术，现实世界与虚拟世界之间的界限变得越来越模糊，我们能够在两个世界中自由穿梭，享受前所未有的体验。在与机器人的互动中，我们开启了机感共鸣（robo empathy）的新纪元。这不仅是技术的飞跃，更是情感共鸣的突破。人类与机器人之间建立起了深刻的情感联系和理解。同时，这些由虚拟人群和AI共同编织的新型文化和社会结构，不仅丰富了虚拟世界，也对现实世界的文化产生了深远的影响。这些新现象，共同构成了一个多元、丰富且充满可能性的未来世界。

这封信，跨越时空的界限，致力于抵达2040年的朋友们。但愿我们的思考在文字中相遇，激发对未来世界的美好设想。愿我们共同的未来，如最美丽的科幻小说般，充满希望、挑战和无限可能。

2023年12月

作者系清华大学新闻学院教授

AI时代的回顾与前瞻

梁由之

GQ兄：

《经济观察报》约稿，要求用书信的形式，谈论“AI时代的人类意见”。久不写信，对AI也只有一点粗浅浮泛的接触和了解。我们上次谈话，倒是正好聊及网络的前世今生，旁及AI的发展方向，也只是浅尝辄止，未及深谈。那么，不妨接着聊这个话题，姑妄言之，借此抛砖引玉。

就从书信说起吧。

书信是一种古老而有效的沟通交流和人际交往工具，公元前N年就有了，起码也有两千多年历史。直至我辈的学生时代，它还不失为重要的交际方式。谁没有写过和收到过情书呢？当然还有“抵万金”的家书。2023年11月初在长沙，重上久违的橘子洲，独立寒秋，湘江北去，抚今追昔，想起平生挚友松兄当年到湘江之滨岳麓山下入读湖南大学后写给我的第二封信，依然心潮澎湃，记忆犹新。

但从20世纪90年代起，突然之间，书信不可挽回地消歇稀疏下去，不绝如缕。

2023年4月6日，也是在长沙，我熟悉、亲近、尊敬的忘年交钟叔河先生，赠送最新出版的十卷本《钟叔河集》给我存念。老先生的题签居然是：

由之先生惠存

人生得一知己足矣

九十三岁钟叔河

让我既感且愧。

《念楼书简》，已出三册。有的朋友表示不理解，为什么梁某居然没有提供哪怕是一封信呢？原因其实很简单：我与钟老之间，并无传统意义上的正规往来书信。认识钟先生伊始，我即说明我一贯忙而又懒，几乎不写信，他又不懂电脑，有事就直接打电话，彼此方便快捷。

书信近乎消亡的缘由，应该说是手机、电脑和互联网的出现。

无独有偶，报纸是另一个例子。

百年以还，报纸无疑是最重要、最主流的传媒，独领风骚，万千宠爱在一身。直至千禧年前后，依然如此。世纪之初，中国以报纸为代表的传媒业花团锦簇、繁荣茂盛，各路中外投资资金蜂拥而入，上演了一把最后的疯狂。那时，可谓是报业尤其是都市报的黄金时代。新报新刊宛如雨后春笋，发行量飞跃，版面越来越多，广告收入直线上升，传媒板块的股票亦一路上扬，涨幅惊人。

可惜好景不长。2008年，智能手机横空出世，可谓报业噩梦的开始。报业从此开始走下坡路，呈断崖式下跌。

有个朋友在报纸行业工作了一辈子，已经荣休。他说，他曾参与创办的某报，起初对开四版，后来增至数十版，特刊有的超过百版甚至更多。前几年，这份报纸又回到对开四版，勉强苦撑。

报刊的时代已经过去。要么关门大吉，要么借种种荫庇苟延残喘奄奄一息。幸存的强者，则在进行不懈探索和艰难转型。这个过程，必将漫长痛苦，但也蕴藏着全新的转机和巨大的希望。

接下来，从个人角度，聊聊网络平台渐进的几个阶段：BBS（网络论坛），微博，微信，短视频，AI。

至今怀念以天涯社区为代表的中文BBS时代。它可以比较认真、充分、从容地提出和讨论问题，可以百花齐放、各说各话，可以聚焦和发散话题，可以发掘和打捞记忆。至于博客，我实际开通操作并持续数年的也只有一个，即天涯博客。

我在天涯的两大板块，闲闲书话和旅游休闲，先后当过好几年特邀版主，留下不少美好的故事和记忆。

后来，淡出天涯。不久，博客也停止更新。到今年，听说天涯也关张了。不过，刚听说天涯明年又将重启。桑下三宿，未免有情，但愿如此吧。虽然天涯于我，如昨夜星辰，早已翻篇。

微博刚出来时，有位在平台工作的天涯网友当即拉我加盟，她是我只在大庭广众见过一次面的朋友兼粉丝。她说微博的形式对我特别适合，140字，举手之劳，要言不烦，见血封喉，影响广泛。我说，先看看。后来，却一直没开通，也不怎么关注。这位老家在蜀南竹海的女孩不久就去了美国，借此感谢她的敏锐和好意。

不开微博，当然是有原因的。一方面是我发现，与关注者互动，是个麻烦事，挺刺激情绪，浪费时间，或许得不偿失。对于时间，我很自私，想尽量自由掌控，随心所欲，不愿被动、徒然、浪掷。

还有一个原因更具体，这里还是第一次公开讲。北京有家出版社的社长，当时开通微博，粉丝40万。他是著名出版人兼专栏作家，在出版和读书界素著声名。这么些粉丝，或者多一点少一点，都正常。

有意思的是，他的总编室主任同时开通，也是40万粉丝——这也未免太假了，一下子让我倒了胃口。主任老兄也挺尴尬，以后基本不再登录，辜负了不明底细凭感觉胡乱赠粉的小年青的一片好意。

我可以看，但是不发、不回手机短信。发、回短信，实在太浪费时间。有事就打电话，长短随意。

我一直认为，这些年，能做点事，写点东西，岁月幸未蹉跎，在某种意义上，得益于不发、不回手机短信，没开通微博。

微信诞生于2011年。我使用智能手机、开通微信也挺晚，迟至2015年夏天。劝导的人很多，朋友兼合作伙伴、商务印书馆编审从晓眉说辞尤力。晓眉着重强调其强大而便捷的实用功能，说使用微信传输文章、书稿尤其是图片，速度和效果远非电脑可比。那就试试，果然如此。我这才成为微信用户。微信可说之处甚多，兹不赘述。

接下来是短视频，迄今仍是大热赛道。好玩的东西不少，也充斥各种喧嚣的垃圾。不妨持以宁静，让子弹飞一会儿。

ChatGPT横空出世，AI飞速发展，感觉跟互联网和移动互联网一样，将带来革命性的变革和更新，或将带来一个不尽可知的新世界。

就写作而言，感觉聊天机器人和相关人工智能，普通的程序性、流水线性的东西，它已经不在话下，貌似一个称职甚至万能的秘书或助手，可以提供诸多帮助和便捷。但在创造力尤其是情感方面，尚不能与创造它的人本身相匹配。如何发展，尚待观察。

至于出版，它可以更多地替代甚至取代人工，在性能和效率方面，有巨大的潜力。

猜测是一种冒险，犯错概率极大。一百多年前，科技发明日新月异，新生事物比肩接踵。美国有位名人感慨万千地说：能有的发明，都出来了。你说他要是活到今天，又该怎么说，作何感想呢？

对全人类都有利、都有帮助的发明创造，如蒸汽机、火车、电话、青霉素……那是最好的。有的得失参半，亦有的祸福难知。

看诺兰等的电影，有时未免担心，地球和人类，迟早会毁灭在一个天才的疯子手里。但这些电影的结尾，又总有出路和新生，让人们对知识、良知和理性，保持有一份信心。

人是万物的尺度。心为形役，本末倒置，就会走向反面，很可悲。

2023年12月

作者系作家、出版人

AI有风险，但可以让它善良

张亚勤

亲爱的读者：

很高兴在岁末年终时刻，通过这封信，与你分享我和清华大学智能产业研究院（AIR）对于未来AI世界的思考。在即将过去的2023年，以生成式AI为代表的人工智能技术激荡人心，为这个充满了不确定与冲突的时代带来了新的希望。诚如《经济观察报》的朋友们所言，今天，我们又站在了新的转折点之上。再过十年，我们的世界会变成什么模样？

我对于AI的能力以及发展潜力非常有信心。未来十年，AI会无所不在。它不仅影响我们每天的衣食住行、学习、生活和工作，也会影响我们的企业、社会和政策。同时，人工智能在大部分领域会达到和人类类似的能力，甚至会超过人类。

在北京亦庄，现在经常能看到无人车跑在路上，但大部分无人车中仍坐着安全驾驶员。再过十年，真正无人的无人车会变成常态。

十年后，人形机器人会出现在一些家庭当中，它会像朋友或助手一样监测你的身体状况，也可以与你聊天。我们居住的社区会有机器人做保安，以后很有可能警察也是机器人。现在，一些医院已经用机器人读取患者的影像片。十年后，我们看到的机器人会比人类更多，机器人的数量会超过人类。

十年之内，上述AI场景会逐渐发生，可能应用范围还不太广泛，但会慢慢出现。

同时，人工智能的另一种发展形式——生物智能，也将对社会产生很大颠覆。如果有人存在视力、听力方面的问题，或是其他身体方面的缺陷，生物智能都可以帮他修复。在AI的帮助下，人们可以用脑电波、心电波去控制某个物体。比如，现在人们弹钢琴，需要手指在键盘上操作。十年后，人们可以用脑电波控制机械弹奏钢琴。类似操作可以发生在很多场景，如操纵假肢写字、倒咖啡、握手——完全像正常人类的手，还可以让假肢跑步、爬山、攀岩——可以比人更快。

当前，一些科学家已经在做生物智能方向的科研。十年后，这些科研技术会变成产品，并真正进入人类社会。

如果用更久远的眼光看AI，五十年或百年之后，或许还会有一种新的生命体诞生。它将是硅基生命和碳基生命的结合体，把人类和机器融为一体。届时，AI让人类能力更强了，成为某种程度的

"超人"。

现在听起来似乎很奇妙或不可思议，但我们不能低估AI。我们现在看到的AI，只是它的冰山一角，尽管已经很了不起，但它仍然很幼小。

如果用互联网发展脉络来比喻，现在的AI刚刚发展到网景时刻，刚刚有了一个底层系统，让大家能用起来。网景之后，互联网世界有了IE（Internet Explorer，浏览器），有了门户、社交、电商、搜索，然后互联网行业才真正兴起。未来AI会像互联网一样，把所有行业重新优化一遍。

就像Windows是PC（Personal Computer，个人计算机）时代的操作系统，Andriod/iOS（安卓/苹果）是移动时代的操作系统，大模型将是人工智能时代的"操作系统"，正在重构应用生态和重塑产业格局。与移动互联网时代相比，大模型时代的产业机会至少增长十倍。与PC时代相比，大模型时代产业机会至少增长了一百倍。

不过，现在有一件非常重要的事，也是我今年在多个场合提到过的，但一些从业者仍不够重视的AI风险问题。我想再次强调这件事。

未来世界可以分为：信息世界、物理世界和生命世界。这三个世界都可能面临AI失控的风险。

在信息世界中，AI带来的风险相对较小，一类风险是胡说八道，一类风险是造假。失控信息带来的风险是可控的，最严重的后果是人们被骗钱。以现有法律或是出台一些新的法律法规，是可以规避问题的。

在物理世界中，未来AI会与机器人、无人车、无人机、IT（Information Technology，信息技术）设备等连在一起，这些机械设备的数量可能是人类的上百倍甚至更多。在物理世界中，AI如果失控将会是大灾难。一旦控制不好，它会给人类带来生存危机，就像核武器或新冠疫情给人类带来的生存危机一样。

生物世界的AI风险最大。通过生物智能，人类大脑和AI用芯片或传感器进行连接，它的好处是可以及时监测人类身体、预防或治疗疾病。但一旦出现问题，生物智能若失控或被不法分子利用，造成的损失将不可想象。

目前，技术界存在一种想法，认为应该技术先行，先把AI大模型、架构、算法等技术做完后，再让政府部门监管。我不认同这种做法，应该一开始就让政府部门参与，大家一起促进技术发展，否则等到技术完善后才监管，可能就来不及了。

同时，我也建议最优秀、最聪明的人做治理方面的研究，开发治理技术。我们可以让人工智能比人类更聪明、更有能力，但更重要的是让它更善良、更有创意，才能符合我们的价值观，才不会犯大错。最重要的是要打造一个善良的AI。

这是人类可以做到的事，就像我们教育小孩，从小让他学习，让他以后去创新、探索，但最重要的是要有一颗善良的心。这里面当然会有很多挑战，但这是AI技术人员、创业者和大企业应该要担负的责任。

如同阿西莫夫机器人三定律一样，人工智能也应该有一些基本发展原则。几个星期前，我和两位图灵奖获得者约书亚·本吉奥（Yoshua Bengio）、姚期智先生在英国一起召集了一个小型研讨会，并提出了一些具体建议。

在政府监管中，我们建议对超过某些能力阈值的人工智能系统，包括其开源的副本和衍生品，在建立、销售与模型使用上进行强制注册，为政府提供关键但目前缺失的对新兴风险的可见性。

我们同时建议，应规定一些明确的红线，并建立快速且安全的终止程序。一旦某个人工智能系统超越此红线，该系统及其所有的副本必须被立即关闭。各国政府应合作建立并维持这一秩序。

对人工智能开发者，我们建议，前沿人工智能系统必须明确与其设计者的意图、社会规范与价值观相对齐。它们还需在恶意攻击及罕见的故障模式下保持鲁棒。我们必须确保这些系统有充分的人类控制。

此外，我们呼吁领先的人工智能开发者承诺，至少将10%的人工智能研发经费用于人工智能安全研究，同时呼吁政府机构至少以同等比例，资助学术与非营利性的人工智能安全与治理研究。

以上这些控制AI风险的措施，应该在十年之内完成，如果十年之后再做，可能就晚了。

我们人类拥有两种智慧：发明技术的智慧和把握技术发展方向的智慧。

作为一个乐观主义者，我坚信我们能保持这种平衡，让人工智能的创新和技术为人类的善良和福祉服务。

2023年12月

作者系中国工程院院士、清华大学智能产业研究院（AIR）院长，根据作者口述整理

人类必备缰绳

高小榕

智能时代的读者：

2023年岁末《经济观察报》约稿，希望以书信形式谈一些和AI相关的岁末感想。一直没有时间动笔，马上就要到截稿日期，即兴遐想一番，希望对读者有帮助。12月14日，2023年《自然》年度十大人物正式揭晓，除了从全球重大科学事件中评选出的10位人物——5位男性、5位女性外，还有1位非人类上榜——美国人工智能公司OpenAI发布的聊天机器人ChatGPT。自2022年11月30日诞生后，ChatGPT就迅速走红，目前其月活用户已突破15亿。中国历史上第一部历史文集是《尚书》，又名《书》，成书于3000年前的战国时期，最早可以追溯到夏、商、周三代，相传由孔子编撰，是儒学经典之一。其中《尚书·无逸》是一篇非常具有说服力、千古难得的政论文章，论述无逸、勤政、爱民乃治国之本。此文是有助于培养人们良好品质的心灵地图，让身心得到陶冶与升华，故得以流传数千年。

今年2月，韩国出版商Snowfox Books出版了一本完全由ChatGPT撰写的图书，书名为《找到人生目标的45种方法》，整本书的写作和翻译仅仅花费了9个小时。现在，AI高速地创作出大量内容，把出版行业打得“措手不及”，许多编辑团队不堪重负。人类即将进入智能时代，人不再是唯一的智能体，AI智能可能会超过人类，如何构建以人为中心的智能时代，让AI服务于人是需要我们认真思考的。具体而言，前提条件是如何让AI能区分人和AI产出信息的差别。AI发展如此之快超出绝大多数人的想象，早在1950年英国计算机先驱艾伦·图灵开始思考如何建造智能机器并测试其智能时，就提出了“图灵测试”的概念，大意是：如果人仅凭文字信息无法区分对方是一个人，还是机器人，那么这个机器就是智能的。

现在，当AI通过“图灵测试”后，我认为还存在一个“逆图灵测试”问题，即人和机器分别发出一个信息，机器要能判断出信息是人给的还是机器给的，那么这个机器才能独立工作并存在。“逆图灵测试”的目的就是要让机器知道主人是谁，如果机器没有主人，就一定要强制“关掉”它。

如何实现“逆图灵测试”，脑机接口（Brain Computer Interface，BCI）技术是一个很好的技术选项。脑机接口是人机交互的特殊形态。传统的人机交互必须有肌肉组织参加，如键盘、鼠标、语言，否则就没法进行交流。脑机接口可直接从大脑提取信号控制外部设备，替代、恢复、补充或改善大脑的功能。50年前，美国加州大学洛杉矶分校的计算机科学家雅克·维达尔设想，通过放置在头皮上的电极可检测到大脑发出的实时信号翻译后用于控制计算机，首次描述了脑机接口的科学概念与设想。此后，在各国科学家的努力下，脑机接口的概念范畴不断延伸，如与反馈/调控相结合的脑机交互（interaction），与人工智能相结合的脑机智能（intelligence）。1993年，著名科幻作家王晋康先生在他的科幻处女作《亚当回归》中描写了人脑植入芯片技术成为第二智能，最终第二智能使人类实际被AI所寄生。可以说，王晋康先生是国内最早关注人工智能的人之一，也是中国最早提出脑机接口科幻思想的人。2019年，马斯克的Neuralink发布了一款可扩展的高带宽脑机接口系统，这一系统在今年已被美国食品药品监督管理局批准开展人体实验。BCI技术被马斯克所接受并扩展，他设想人类依靠BCI可以成为“超人”，能跟ChatGPT之类的AI去交流，克服AI与人类的交流鸿沟，给AI机器人安上缰绳，让它一直带我们“玩”转智能时代。

智能时代的确会存在这样的交流鸿沟，人与人沟通的信息传输率大概是100比特/秒，但机器和机器的信息传输率要大多了，能达到10G以上。马斯克设想，在大脑装一个第三皮层，直接解读我们的思维与AI直接交流，而不依赖于语言。我多次提到“脑机的摩尔定律”，无创脑机接口的传输率大概每十年翻四倍，现在脑机接口的速度是触屏的一半，十年后应该能做到比打字快，大概二三十年后速度就会比语音快了，那时人们就可以不用手指触屏，戴一个耳机，想输出时思考就可以了。未来能到多快我现在不清楚，我希望一直往上涨。所以脑机接口是未来智能时代不可或缺的硬核科技，没有脑机接口的未来智能社会是不好想象的。

我不认为机器能够学会人的价值观，与人类对齐，让AI和人的价值观与利益保持一致。与人类对齐不可能的理由是AI与人有本质差别，人会死而畏死，机器不会死故不畏死。人类的善德，源于远离与死相关的畏惧，如疾病、灾荒、战争等。李泽厚在《说巫史传统》中提出，周朝初期的“德”原本是“君王的一套行为”，“德”是由巫的神奇魔力和循行“巫术礼仪”规范等含义，逐渐转化成君王行为、品格的含义，最终才变为个体心性道德的含义。因此，德是巫术的内化和理性化结果，具有内在的道德、品质、操守，又具有魔法般的神秘力量。

在中国三千多所大学中，清华大学的校训“自强不息，厚德载物”无疑是知名度最高、影响力最大的。那是1914年，在清华大学建校三周年之际，梁启超受邀到清华大学演讲。演讲中，梁启超借用《周易》乾坤两卦关于君子的论述，援引孔子《象传》中对应的两句："天行健，君子以自强不息。地势坤，君子以厚德载物。"在智能时代，AI可以极大地帮助人实现"载物"，但如何"厚德"只能依赖人们告诉AI，脑机接口无疑是一个优选技术途径。拥有BCI的AI，可以让AI具有与人类同步的良知，让人类继续成为"万物之灵"。

1902年梁启超在《论公德》一文中进一步将"德"分为"公德"与"私德"。"独善其身"者是私德，"相善其群"者是公德。该文开篇指出"我国民所最缺者，公德其一端也"。他提出没有公德是不能组成一个国家的，公德和私德是道德统一体的两个方面。梁启超以爱国的民族主义作为出发点，把个人对群体的自觉义务，特别是个人对国家的自觉义务，看成公德的核心。智能时代，人们如何利用AI的帮助平衡公德与私德是值得思考的问题。

"AI教父"杰弗里·辛顿（Geoffrey Hinton）说，数字智能优于生物智能的进程无法避免，超级智能时代很快就会到来。"中国BCI先驱"高上凯认为，脑口智能让我们更好地与人工智能相处，构建以人为核心的超级智能。未来，超级智能肯定会到来，脑机接口则是人类必备的缰绳。如果没有这个缰绳，人类将无法控制住机器人，因为机器人比人类强。当然，机器人什么时候懂得把缰绳解掉，那是另一个问题。如果未来的超级智能时代，人是可有可无的，这时就必须给超级智能按下暂停键。

2023年12月

作者系清华大学长聘教授

永远不应让制度技术盲目飞行

劳东燕

亲爱的年轻法律人：

在提笔写这样一封信件时，我有些犹豫。不知道在AI时代，对于比我年轻很多的法律人，谈什么样的内容才是合适的。

作为一名在20世纪90年代接受法学本科教育的法律人，回想起来会有不敢置信之感。难以想象，在短短二十多年的时间里，技术会如此深刻地改变我们所处的社会与世界。儿时每次与人通电话，我不由地会想，要是能实时地进行视频对话该有多好。这个在我儿时显得异想天开的想法，在今天已经是日常生活中司空见惯的存在。记得在20世纪90年代末，当我花一万多元购买第一台个人电脑时，帮我购置电脑的亲戚说，这台电脑的配置挺高，应该可以用上十年。但后来，这台电脑我也就用了三四年。虽然较早拥有个人电脑，但由于当时上网需要用电话线连接Modem（调制解调器），而我租的房间里并未安装座机，所以几乎就没上过网。1999年来京读研时，我才第一次用学院图书馆的公用电脑上网。至今仍记得那一刻的彷徨，彷徨源自不知道如何上网。

然而，在之后相当长的时期内，我并未关注网络与数据技术对社会与对世界所产生的影响。读研与读博期间，由于研习的是作为传统部门法的刑法，再加上彼时的我，除课业任务之外，业余时间里关心的主要是过去，对未来则根本无暇考虑。

自大学时代始，我便对这样一个问题充满好奇：中国社会为什么未能像西方社会那样自主地走向现代性？基于此，一方面，我会下意识地去关注现代性的过程在西方国家如何发生，而同一时期中国社会的情况又是怎样；另一方面，为了让自己对当下的社会现实有更多了解，也会想方设法补充这方面的知识。2004年博士毕业后到清华就职，我也一直埋首于教学与学术研究工作，过的是比较纯粹的象牙塔生活。也因此，虽然对日常生活中由技术带来的变化有所感知，比如网购成为自己主要的购物方式，微信成为日益重要的沟通方式等，但老实说，我对科技之于社会所带来的构造性影响缺乏深刻的认知。

一直要到2016年以后，基于某种机缘，我不期然地探头向象牙塔之外张望时，才愕然意识到，外面的世界已经发生天翻地覆的变化。当我在传统行业埋头耕耘的时候，或许我已然错过很多的机遇。这种错过，不只意味着在既定的职业领域内如何选择努力的方向，更意味着如何选择自己想要从事的行业或领域。我第一次意识到，在一个迭代加速的时代，选择比努力更为重要。这不是要贬低努力的意义，而是说选择的方向决定了努力所能获得收益的程度。

回看此前的20世纪90年代、21世纪00年代与10年代前期，我事后诸葛亮般地发现，原来自己经历的那些年代竟然存在如此多的机遇，而作为过来人的我，在此过程中显然长期处于懵懂的状态。不可否认，身处上升的时代，即便从事的是传统行业，仍有一定红利可吃，但传统行业的低风险也意味着低收益，竞争实际上同样激烈。我对自己这段经历的反思，让我意识到，在科技加持的时代，即便时运显得低迷甚或可能整体有下行的趋势，对个人来说仍会有新的发展机遇涌现，就像东方甄选的董宇辉能够脱颖而出那样。这正是年轻人的希望所在。这意味着，在考虑职业选择与发展前景时，除了如何在常规赛道提升自身的竞争力以便在原有蛋糕中努力分得一份之外，更有必要认真观察与思考的是，有哪些行业与领域今后可能会涌现从0到1的发展。“从绝望中寻找希望，人生终将辉煌”，我一直很喜欢这句话，尤其是前半句，虽然几乎没有在新东方接受过培训。在我看来，它代表的是怎样都要趟出一条路来的那种生猛与执着。不管身处什么时代，也不管境遇如何，个人都要设法寻找希望，并为心中的希望全力以赴。

基于种种因素，大多数年轻的法律人可能都会像我这样，从事的是法律领域相对传统的行业。如果选择传统的行业，年轻的法律人应当思考的可能就是如何守正创新。法律人在互联网时代需要做出怎样的调整？这是近年来我一直在思考的问题。即便身处传统行业，我们仍有很多可为之处，将追求自身的职业发展与时代对法治的需要结合起来。以法学研究领域为例，网络与数据技术的发展，为风险社会增加了新的意义维度，进而给法律体系带来巨大挑战。在一个日益不确定而显得光怪陆离的时代，法律如何承担与实现确保稳定期待的功能，使得人与人之间的社会沟通具有相对的确定性，成为首当其冲需要解决的问题。尤其是，随着技术迭代的加速，法律的适应性已然成为刻不容缓急需直面解决的时代命题。那么，如何为这个时代命题做出自己力所能及的贡献，便是法学研究者可以做出的选择。

值得注意的是，有关适应性的时代命题，不只是法律如何进行自我调整而单方面地去适应外部环境的问题，它还有另一个同样重要的面向，即如何将法律层面公平性的考量贯彻于科技革命所带来的效益与风险的分配之上。在法律界，人们比较习惯于用旧瓶装新酒的方式，来解读与处理层出不穷的新问题。若是沿用此前的法学理论便足以应对这些新问题，自然没必要大动干戈地另行构建新的理论，就像奥卡姆剃刀定律所倡导的那样，“如无必要，勿增实体”。

问题在于，越来越多的迹象表明，网络社会不只是传统社会在网络空间的延伸，网络空间与现实空间经过复杂的交互作用，正在形成一种全新的社会形态。用19世纪的理念、20世纪的法律，难以解决21世纪面临的各种社会问题。简单套用线下社会的法律规则与相应理论，往往导致效益分配与风险分配方面的不公平。这一点尤其值得法律人的关注。以网络与数据技术为代表的新科技革命，既带来巨大的社会效益，也造成众多的社会风险。因而，在法律层面，必须认真考虑相应的效益与风险如何在各利害关系方之间进行公平分配的问题。

随技术普及化而自生自发形成的秩序，会天然地有利于社会结构中的强势方（以政府部门与科技企业为代表），强势方往往会设法尽可能多地攫取新科技革命带来的效益，而将风险尽可能地推卸给弱势者去承担。技术中立之类话语的流行，本质上都是在为这种明显有失公平的秩序提供话语层面的加持。实际上，任何技术在开发之初，都主要考虑委托方与技术开发方的利益，这种利益既可能是社会管控方面的利益，也可能是商业性的利益。由此，作为第三方的普通个体的利益就很可能被牺牲或不被充分地考虑。这不可避免地会导致风险不对称的现象，即决策者与风险制造者不承担自身行为所造成的风险，而将风险转嫁给社会中缺乏组织性与话语权的弱势方。

比如，在个人信息保护领域，倚重传统的知情同意机制意味着，由个人信息处理所带来的风险主要分配给个人承担，但相应的风险明明是以政府部门与科技企业为代表的个人信息处理者带来的。从法律层面来说，这样的风险分配既有失公平也不够有效。道理很简单，既然风险并非个人所制造，个人在相应领域中也只分得微小利益，并且其也根本没有能力来防范与控制相关风险，将因收集与处理个人信息而带来的风险主要放在个人身上，就不免有以强凌弱之嫌。法律层面进一步对这种以强凌弱的局面予以肯认，就等于在强化现有的丛林规则，不免在错误的方向上走得太远。

对于法律人来说，在处理诸如此类的问题时，切不可陷于具体的技术细节中，而应当从如何公平而有效地分配技术革命所带来的效益与风险的角度来考虑。如此一来，法律应当往什么方向推进与发展，制度层面需要如何平衡强弱不均的关系结构，避免强势方不公平地推卸与转嫁风险，往往就变得一目了然。在AI已然到来的时代，势必会有越来越多的领域因技术的推广运用而经历深刻的变化。作为法律人，如果学会从效益与风险的公平分配的角度去看待问题，会有助于辨明法律在AI时代的发展方向。要记得，制度技术是为合理的价值判断服务的，永远都不应该让制度技术盲目飞行，以致客观上为丧失基本公平的法律归责机制站台与摇旗呐喊。

以上是我的一些真实感想，可能会有言不及义之处，希望与各位有当面交流的机会。

祝一切安好！

2023年12月

作者系清华大学法学院教授

大数据不是通用AI的未来

徐英瑾

亲爱的读者：

很高兴与你们分享我对于AI的一些见解和思考。人工智能诞生之后，大约形成了“基于规则”和“基于数据”这两大技术路线。虽然前者曾经在技术历史上占据主要优势，但目前人们谈起的人工智能，主要还是基于大数据。

很多人认为人工智能的发展，本质上是堆数据、堆算力，当然还要堆金钱。国家与国家间的人工智能竞争，无非也是在这些维度上展开的。

但有趣的是，不少人同时觉得，人工智能的发展还需要伦理制约，不能让其过多侵犯个体隐私。问题在于，怎么可能既指望基于大数据技术的人工智能自身能够不断发展，同时又不去侵犯个体的隐私？这就像既要一匹赛马跑得比动车快，又要希望赛马吃得比小马驹还少。毋宁说，大数据技术这一饕餮怪兽所要吞噬的饲料，就是海量的个人数据。

因此，如果说数据采集构成了现在主流人工智能的生命线，那么在不改变这一技术现实的前提下，对于隐私的任何保护都会成为一种作秀。

以欧盟对于人脸识别技术的限制为例，为了体现欧洲式的“政治正确”，在欧盟范围内对人脸的机器识别，是不能包含对于被识别人士的种族识别机制的，以此防止出现种族歧视现象。但这里的问题是，由于监督相关技术平台之后台运作的门槛很高，一般民众采集证据证明自己的图像已经被不恰当利用的门槛也非常高。换言之，此类规范性条款的制定，恐怕只能满足欧洲立法机关的道德虚荣心，并不能真正帮到被困在信息网格中的普罗大众。

于是，目前主流的人工智能叙事已经陷入了一种精神分裂的状态：一方面人们高喊要赶上主流人工智能技术发展的大潮，不发展就会落后；一方面却又要做出一种要保护个体隐私的道德姿态。这当然不是一种能够长久保持的状态，而做出这一判断的理由，也并非仅仅基于伦理考量。正如驱动机车的石油不是取之不竭的那样，使得大数据技术得以运作的数据资源也非取之不竭的。

举例来说，今天的ChatGPT的确能够很好地模拟莎士比亚或海明威的文笔，但这毕竟只是在吃人类既有人文资源的红利。假若未来的作家高度依赖这样的技术工具进行写作，其文笔与格调就会被定死在人类精神发展的现有阶段，进入某种无聊的重复之中。同时，由于此类大语言模型对于主流语言的偏好，蕴藏在小语种与方言中的人类智慧就会被慢慢边缘化，成为无法被打捞的人类文化遗产。我们即将迎来海德格尔口中的“常人状态”被机器加以固化的新历史阶段。

眼下的世界，是不是我们这一代人在年幼时候所希望的人工智能时代？答案恐怕是否定的。

至少在我孩童时，我对智能的憧憬既不是希望其能够像“阿尔法狗”那样在围棋比赛中打败人类，也不是希望其能够像ChatGPT那样帮助我们写结婚请柬。道理非常简单，围棋水平高不高，或者，是否能够抽出一刻钟自己拟定一份结婚请柬，并不是什么大事。当时的我更希望人工智能技术与机器人技术相互结合，做出一些真正人类没法或很难做到的事情：冲进火场救人、下潜到水里捞人、去南极建立科考站等。但令人遗憾的是，今天我们的技术状态却恰恰是：即使在技术最发达的国家，一旦发生地震火灾等巨大灾害，我们依然需要人类救灾员亲身涉险。尽管现有的大数据技术已经能够根据某项火灾的网络热度向读者推送相关视频，而现在的多模态大数据技术也已经能够针对相关视频制作与之对应的语言评注。但那又怎么样？

这几年，我一直在提倡一种与大数据技术不同的小数据技术，相关的技术细节在我的著作《人工智能哲学十五讲》(北京大学出版社2021年出版)中已有详细阐述。在这里，我想就“小数据技术”的哲学思想前提做一番澄清。

大数据技术的思路来自还原主义，即认为人类智能的来源既然是大脑，我们就需要对大脑做生理学层面的数学建模，由此出现了所谓的深度学习的技术路径。

小数据技术思路的哲学前提则是反还原主义，即认为人类智能的真正奥秘并不需要下降到生理学层面去理解，只需要在心理学层面上加以模拟。假若在心理学层面上观察人类心智，我们会发现，人类心智恰恰是以一种很节俭的方式在运作：孩童能通过很少的狗与狼的照片样本了解到两种动物的区别，同时，也可以通过较少的语言样本掌握母语。优秀的企业家可以通过不太多的商业情报找到商机，优秀的军事家还能通过对于关键情报的把握掌握战机等。

一种基于少量情报的心智模型，已经在德国心理学家吉仁泽(Gerd Gigerenzer)那里得到系统的研究，并在华裔人工智能科学家王培的“非公理化推理系统”中得到了全面的计算机建模尝试。

我坚信这样的技术路径是能够走通的。一旦走通，困扰大数据技术的伦理困境将自然被化解：既然新技术路径在本质上并不需要消耗大量数据，人们自然不用担心这样的技术路径会对用户的隐私构成实质性威胁。

然而，虽然我多年提倡小数据技术，但似乎在舆论场上依然处于劣势。我个人认为原因有两个：第一，大数据技术已经对不少相关企业的创研思路构成束缚，并由此使得其产生路径依赖。这使得与大数据技术不同的小数据技术很难得到全面的重视。第二，小数据技术虽然在伦理风险上远小于大数据技术，但规避伦理风险显然不是当前人工智能发展的主要动力源。毋宁说，获得商业落地的机会，才是一项研究项目被重视的主要理由。

但问题在于，商业循环的短周期本身就很难与人类历史发展的长时段后效的考虑相合拍，这就使得一种纯粹基于商业驱动的人工智能发展路径很难容忍新路径的基础性研究。

主流人工智能学界陷于大数据技术泥潭恐怕还会持续很长时间。不过，对于这一现状，我也不想做过多抱怨。他们做他们的，我们做我们的，尽管“他们”的人数比“我们”多。然而，在哥白尼的时代，相信托勒密体系的人难道不也更多吗？

2023年12月

作者系复旦大学哲学学院教授

越过数据鸿沟

李晓东

致中国企业家们：

2023年对整个互联网世界影响最大的一项技术革新是什么？答案毫无疑问将是生成式AI。但企业在试图追赶和应用这项革命性新技术之前，我想首先需要梳理清楚的是，AI是如何一步步走到今天的。

很多人可能不知道，人工智能的概念其实提出于互联网之前。1956年，在达特茅斯会议上，麦卡锡等科学家正式提出了“人工智能”这一概念，标志着人工智能学科的诞生。在那之后很多年，人工智能研究取得了一些初步的成果，但也遇到了很多困难和挑战。1980年开始，人工智能研究转向具体领域的专家系统和知识工程，获得了一些商业应用和社会影响，但也暴露出了很多问题。

从2011年到2016年左右，人工智能研究借助大数据、云计算、深度学习等技术，在语音识别、图像识别、自然语言处理、机器人、自动驾驶等领域取得了突破性的进展，引发了全球范围内的关注和投入。但直到2023年，生成式AI再次带来了AI技术真正意义上的巨大突破。

回顾历史，我们可以看到科技的发展是一个迭代的过程。从20世纪50年代开始再到21世纪，每一个阶段都有其特定的技术革命。现在，我们正处于一个基于数据的应用时代，这个时代的核心是以数据为中心，其中包括数据的采集、传输、计算和存储。

从互联网的兴起到移动互联再到物联网，技术一直在推动着我们的世界前进。而现在，我们站在了一个新的历史节点上，那就是基于数据的应用。这个应用的前提是我们能采集到足够多的数据，并且能够非常快速地分享、交换和传输。同时，计算机的算力也在计算上突破了传统模式，使我们能够使用海量数据训练模型。

也正是在这一基础上，我们看到了通用人工智能的可能性。这是一个从量变到质变的突破，它让我们能够基于不同的应用场景去调节和解决问题。在这个过程中，算力和算法的优化起着至关重要的作用。我们现在拥有更大规模的算力和更优的算法模型，这使得我们能够采集到足够多的数据，并快速地分享、交换。计算机的算力已经能够突破传统的交互模式，这为模型的训练提供了可能。

写到这里，真正的决定性因素其实已经很明显了——数据。如果我们把过去几十年划分为信息化、数字化、智能化的进程，那么这一进程得以实现的前提就是，我们如何把物理世界的知识转变为数字世界的数据。

因此我们可以说，AI的发展其实正是站在信息化、数字化的基础之上的，没有信息化的前提，没有互联网多年发展所积累的海量数据，大模型也就无从谈起。也正是由于互联网产生，才有了我们今天讨论OpenAI的基础。

在人类历史上，我们从未像现在这样拥有如此大量的数据和超高的算力。未来十年，我们可能会看到更多的变化，这些变化将会影响我们生活的方方面面。虽然我暂时还不能预测哪个领域会首先受到冲击，但我相信经济领域将会首先受到最大的影响。因为互联网的核心价值在于降低信息不对称，而这种信息不对称的缩小，将会对要素的流通、资源的分配产生深远的影响。

降低信息不对称是互联网的核心价值之一。互联网的出现使得人们可以更加方便地获取和分享信息。在互联网时代，人们可以通过搜索引擎、社交媒体、在线购物等方式获取大量的信息，这些信息可以帮助人们做出更加明智的决策、降低信息不对称。

但必须反思，过去几年来，我们过早地暴露了我们的科技水平。这在互联网领域同样也产生了影响，为什么我认为我们的AI技术和公司可能在短时间内很难完成超越？这其中未必完全是技术的问题。

真正关键之处在于，生成式AI是基于互联网时代的信息和数据才得以实现的；但信息和数据的底层其实是人类的知识。但一个不能否认的现实是，人类发展到现在最前沿、最重要的知识、信息都是以英文方式呈现的——即便是中国学者，他们的最新研究成果同样是发表在英文学术期刊上的。这也就意味着，以英文为基础的数据库代表着人类最前沿、最新锐的知识。而这对于基于中文互联网的AI数据库来说，意味着巨大的数据鸿沟。

数据鸿沟是指不同群体之间在获取、处理、分析和利用数据方面的差距。这种差距其实不止于主体竞争，也同样存在于个体。比如一些人能够通过互联网和其他技术手段获取大量的数据，而另一些人则可能无法获得这些数据。这可能导致信息不对称的拉大，一些人面对技术调整，将无法做出正确的决策。此外，一些人能够利用数据来提高自己的工作效率和生活质量，而另一些人则可能因为知识门槛和各种原因无法享受这些好处。

那么新的问题是，我们如何越过数据的鸿沟？这个问题的答案，还是需要回到互联网精神——开放共享上来。我想，开放共享也应当成为人工智能的精神所在。

接下来需要做的，是加强数据开放和共享，让更多的人能够获取和使用数据。此外，我们需要提高数据处理和分析能力，让更多的人能够充分利用数据资源。当然，我们同样也需要加强数据安全和隐私保护，确保数据的合法性和安全性。

前面也提到，AI的发展离不开大数据的支持，数据治理是AI治理的重要方面。因此，未来需要建立完善的数据采集、传输、计算、存储等环节的规范和标准，确保数据的准确性和安全性。这些工作，不只是AI公司的使命，更是我们迈向数字化必须完成的历史任务。

2024年是中国互联网的30年，复盘过去30年，中国互联网产业经历了无发展无治理、大发展弱治理再到强治理稳发展的阶段。我想接下来的十年，主要方向会是治理保障可持续发展的道路，换言之，以敏捷治理加速发展。

大家对于新事物都是比较担心的，但是我相信总会有人迈出创新的一步。我觉得未来的希望正在于企业家们，企业家会在市场的探索中找出治理和发展相平衡的模式。从这个角度来说，我对未来十年发展是乐观的。这也是我发起成立伏羲智库的原因。我们希望和企业家们一起在治理的框架下找到发展的新道路。

2023年12月

作者系伏羲智库创始人、清华大学互联网治理研究中心主任、

中国科学院计算所研究员，本文根据其口述整理

从竞赢的时代到共处的时代

秦　朔

企业家朋友们：

你们好。

这是2023年的12月下旬，北京降雪，上海降雪，广东降雪。我不知道这是更冷的冬天的开始，还是一个丰年的兆示。

但我知道，由于外部性、周期性、结构性、体制性、政策性、素质性等诸多内外因素的影响，你们注定将在一个时间较长的卷时代、韧时代、不确定时代，“在清水里泡三次，在血水里浴三次，在碱水里煮三次”，汰弱留强，百炼成钢，凤凰涅槃。

一

在你们这个群体中，有人对我说，卷其实是解决企业一切问题的万能钥匙。卷意味着竞争，而竞争就是市场经济的本质。

也有人说，市场有五种海——深蓝海、蓝海、黄海、红海、毒海。要想不被卷死，只有不断创新，变得越来越蓝。

还有人说，未来五年，如果一个行业里有很多企业年年亏损，流血流完了，80%的企业要么关掉要么兼并重组，那才是真正的卷。

巨大的产能与有效需求不足的矛盾，注定了，卷是常态。

要么是龙头冠军，要么是专精特新，要么有高性价比，要么有极致体验，要么护城河足够深，要么有新技术路线或新商业模式，否则大家的日子都很难。

所谓高质量发展，是不是就是靠一般性、平庸化的做法，很难继续发展的发展？是不是就是市场压力很大、竞争水平越来越高、企业一口气也不敢松懈的发展？

如果这就是命运，如果卷的结果也提升了行业竞争力、企业创新力，那么你的选择只能是适应，同时一边卷，一边破。

我还看到，你们正把在高度内卷中练就的能力卷向全世界。

“中国能力的全球化”，这是我看到的中国企业在未来的最重要趋势之一。

我丝毫不怀疑你们的能力，我希望提醒的是，和过去几十年世界的大趋势是越来越平所不同，未来的大趋势是，本土化要求越来越高。有的本土化，对外来者的身份提出了更多限制（所谓“朋友圈化”），有的则要求，你要更深地融入本地，带动本地的投资、就业和供应链成长。

新的全球化是更加本土化的进程，你不光要考虑“我要什么”，还要考虑“别人想要什么”，否则会遇到各种各样的阻力。

你是否了解所到地在项目招标方面的合规要求？

你是否知道在很多地方，即使你是雇主也不能随意要求工人加班？

你是否明白，如果你每天的开店时间远远多过周围的店铺，他们会向政府申请对你进行限制？

你是否关心并推进环境、社会和治理（Environment，Society and Governance，ESG）的相关准则？

你是否考虑在管理团队中如何发挥本地人才的作用？

你是否从投资、治理、管理到供应链都有本地化的长期打算？

之所以问这么多问题，是因为我觉得你们走出去的障碍不是自身能力的问题，我相信你们也不怕竞争，大概率能够竞赢。我最大的担心是，别人因为怕你们，或者要防风险，不跟你们玩了。

这是你们走出去最大的风险，需要智慧、勇气和韧性的叠加，方能真正握住机遇。

你们慢慢会发现，哪里都没有纯粹的自由市场经济，一定要给别人出路和空间，合作生财。否则，即使你没有什么错，但一下子把别人的现有利益格局冲得七零八落，也会遭遇各种抵制，因为利益格局的背后是利益相关者，是活生生的人，是人的命运。

二

前不久，浙江一位外贸企业家从墨西哥和智利回来，告诉我，当地人对中国人挤兑本地就业以及中国人的纳税意识很有看法，这里的中国商人连店面都不敢打开，被抢是经常性的。

我联想到几年前去埃及，听当地人抱怨，有中国商人在这里开采加工石材，工厂建在路边，连天棚都不搭，因为觉得沙漠地带很少下雨，这点钱也要省。“把我们的石头弄完就走”，这就是当地人对中国商人的印象。

当然，中国企业出海做得好的，也有很多。这里，我给大家分享一个案例。

几年前，我到距慕尼黑不到两个小时车程的金根市采访中集集团收购的齐格勒。它是德国最大的消防车企业，一家百年老店，因为和竞争对手做隐性价格联盟，被欧盟罚了900万欧元。齐格勒是家族企业，拿不出那么多钱，反垄断诉讼失败后，2011年实体申请破产，2013年公开招标，中集以5.18亿港元赢得收购。齐格勒在荷兰、德国有7家工厂，员工2000多人，接近一半都在金根。

齐格勒一开始也有些恐慌心理，但中集很快赢得了其信任。中集派来的管理人员告诉他们，中集是A+H上市公司，有长期的国际经营经验。中集派来的高管用十几天时间从南到北跑遍了齐格勒的

9大客户，跟他们说明未来齐格勒想做什么，特别是会用中国市场带动齐格勒的发展。

中集也和当地主要协会、市政府沟通，化解他们对中国人把专利技术拿回中国、把工厂搬到波兰甚至成本更便宜的地方的担心。为了尊重员工感情，中集方面主动建了一个小博物馆，把齐格勒一个多世纪的品牌产品都搜集起来。齐格勒每年12月会举办一个小小的颁奖仪式，感谢为企业工作了25年以上的老员工。齐格勒原来的工会也一点没变，12个工会成员由选举产生，其中一个是专职人员，负责代表劳方和资方谈判。虽然他们希望多加点工资，但通过沟通，他们也很讲道理，觉得企业首先要活着，要发展，所以保持了劳资平衡。

我不知道在今天的国际环境下，还能不能完成这样的收购，但其中蕴含的道理是长久的。

你们有旺盛的企业家精神，但着眼未来，还需要增添商业文明的修为。

商业文明是以人为本的价值创造。道不远人。你要在别人的土地上谋取利益和发展，就要充分考虑如何为本地创造价值，提升本地福祉，对利益相关方负责。这样才能扎下根。

三

商业文明的发展，既取决于企业的努力，也取决于环境的质量，包括制度与治理、人口与文化、自然环境，以及技术。

在过去超过1/4个世纪里，自然环境对商业文明最大的影响是可持续发展理念在全球的形成，技术对商业文明最大的影响是网络对生产力和生产关系的改变。

2010年9月，阿里巴巴曾经发布过《新商业文明宣言》，提出云计算和泛在网正在成为信息时代的商业基础设施，推动商业计算的快速响应、按需取用与普遍服务，“人类的大规模协同和个性化创新，推动着商业文明又一次走到了跃变的关口”。

具体表现包括：企业内部走向扁平化与透明化；以客户为中心、按需驱动的大规模定制乃至个性化定制；协同、共赢的商业生态系统逐步成为主流形态；越来越多社会成员的工作、生活、消费与学习走向一体化；自发性、内生性、协调性成为网络世界治理的主要特征，对话和协商成为普遍的选择。

宣言相信：开放、透明、分享、责任是新商业文明的基本理念。

2015年，华为公司也发布了一份宣言——《共建全联接世界，拥抱新商业文明》，提出：基于人与人、物与物、人与物之间的智能互联，以物理世界和数字世界的深度融合为特征的工业革命4.0正在发生，全联接的智慧世界驱动新商业文明。

华为对未来的预判是——借助ICT技术对传统产业进行数字化

重构，驱动传统产业的升级和进化，无论对于哪个行业，这场革命的核心都是智能化。全联接、零距离、因我而变、万物智能，就像空气和水一样不可或缺。

华为还提出了一个“ROADs”的概念。掌控未来的“联接一代”和“数字元人”代表着互联网时代的新消费行为，这种行为可以归纳为“ROADs”——Real-time、On-demand、All-online、DIY和Social（实时、按需、全在线、自助与社交）。

今天，我们又站在了通用人工智能的新起点。如果说2010年和2015年的科技巨头对云计算、智能化怀抱着超级乐观主义的信念，今天，新一代人工智能将把人类带向何方，人们似乎有着越来越多的担忧。

假如AI发展到人类的智能水平，进而超越人类智能，AI会怎样对待人类？人类是否会失去对AI的控制权？

如果是这样，未来的某一天，商业文明将由AI主导——何为商业？何为文明？人类今天乏解的诸多难题，是一一迎刃而解，还是更加扑朔迷离？

人类和AI之间，如何共处？这是比人类内部共处更为严肃的问题。无论如何，盲行的风险会越来越大，而且可能在未来的某一刻突然进入拐点。人类失控，AI接管。

问题不是监管那么简单，人类需要共同合作，趋利避害，至少要筑牢一个“不毁灭自身”的底线。

总之，未来，是共处比竞赢更重要的时代。

我希望未来某一天，当我打开财富500强的排行榜时，能看到有更多的你们，进入跨国企业的名册，成为世界的朋友，时间的朋友。

而到那时，希望技术依然是我们人类的朋友。

2023年12月

作者系人文财经观察家、“秦朔朋友圈”发起人、

中国商业文明研究中心联席主任

关键是，我们如何问问题

吴志华

致读者：

《经济观察报》邀请我这样一名从事文物和历史研究的人来谈AI，想想是要冲击我们一下吧。

AI是人工智能，用机器帮助人类认知、思考，这对我们做传统历史文化研究的人来说，是很难想象的，因为我们的核心工作是要自己分析和思考。

如果用机器替代我们的话，我们干吗呢？似乎做历史研究、做文物研究的人，有理由对AI产生先天的抗拒感，可是由于我现在在香港故宫文化博物馆工作，我们也很强调文化创新，特别是传统文化的创新。

传统文化一代一代传承下来，每一代人都会赋予它新的内容、新的定义。比如接纳西域文化，唐代呈现了更恢宏的开放气象；又比如佛教传入中国后，对我们传统文化的改变也很多；我们在故宫看到意大利画师郎世宁的很多画，跟传统的西方绘画表现不太一样，它也成了我们传统文化的一部分。

所以创新是对传统文化很重要的理解，这也是我对创新和科技持开放态度的原因。其实，科技和文化、艺术结合，当前香港特区政府的推动力度很大，我们叫Art Tech（艺术科技），就是要利用科技表达文化和艺术的内涵。

在我的工作中，有三次AI带来的经验让我印象深刻。

一次是在2023年5月，我在福州参加国际博物馆日的研讨，这一年的主题是“博物馆、可持续性与美好生活”，有关可持续发展的基本材料，以前我会用谷歌查，这次我想试试ChatGPT，它的内容一出来，好像论文一样，非常完整。我自己是做研究工作的，不是很相信它，每一个内容都去核实了，发现它做得非常好。后来，我的报告使用了它的大框架，用了它45%的素材，其他部分是我自己的实践和想法。

这件事带给我的感触是，一些AI的资料库是西方知识和材料，中文内容没有那么全面，当然我们也有自己的AI，背景材料这方面是非常重要的。此外也要小心，不是每一次都可以这样用，要知道每次报告的重点是什么，因为这次的主题是博物馆与可持续性，概念比较新，所以我用了西方的框架，但是下次再做其他报告，就不一定适合用ChatGPT了。

第二次，香港故宫馆开幕展览展厅七（按："古今无界：故宫文化再诠释"）有一件动态书法装置《浪书》致敬当时展厅八（按："国之瑰宝：故宫博物院藏晋唐宋元书画"）的邓文原章草《急就章》，香港艺术家张瀚谦用AI做了一个机器人手臂，以立体画圆的方式呈现大脑电波对文字信息交流的过程，让观众以崭新的角度感受书法的节奏与力度，这个艺术的表达比较天马行空。我是不拒绝AI艺术创作的。

第三次，2023年中秋节，香港故宫文化博物馆与香港瑰丽酒店合作推出了一款月饼，我们开幕展览展厅五（按："器惟求新：当

创作《浪书》的香港艺术家张瀚谦，擅长装置艺术和视听表演，将声音、影像和数字媒介融为一体，化作新媒体艺术作品。（张瀚谦供图）

代设计对话古代工艺”）的展览艺术总监“又一山人”（黄炳培）找了本地视觉艺术家黄宏达为月饼包装做设计，他用AI设计了一幅水墨画，用了月球、嫦娥四号、月球表面的元素，糅合传统书法，呈现了一个非常有趣的作品。

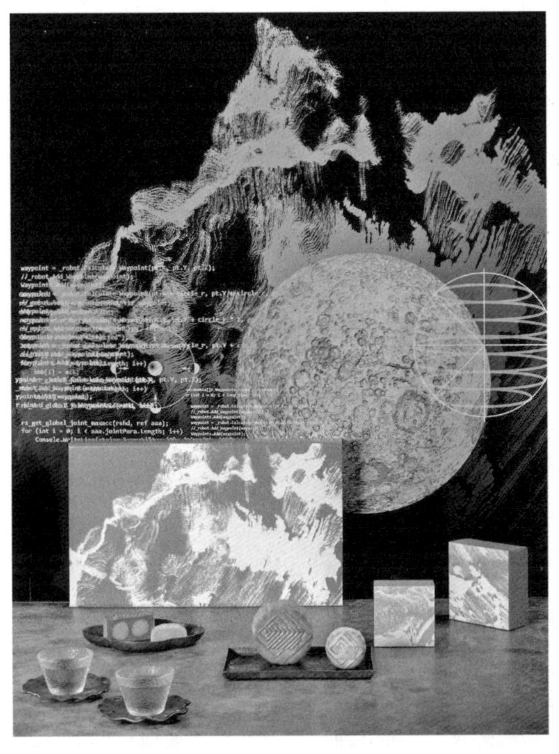

香港故宫文化博物馆和香港瑰丽酒店于2023年推出特别的月饼［香港故宫文化博物馆和瑰丽酒店（香港）有限公司供图］

为什么做这个呢？因为香港故宫文化博物馆做的月饼，大家自然会想，我们应该做得比较传统，我们用了AI加水墨画来表达，就是想给观众一个不一样的设计。

将来，我们对AI的应用也持比较开放的态度。在博物馆的运营中，使用AI要有一个清晰的目的，而不是无目的地任性使用。如果是展出现代艺术的博物馆，使用AI的空间比较大，因为其展品面对现代生活，它的展览、作品都要挑战人们，引发对现代生活的反思和辩论。

至于展出传统艺术文物的博物馆，需要根据历史资料和文献来讲故事，例如香港故宫文化博物馆使命之一便是推动公众对中国艺术和文化的研究和欣赏。从最基本的功能来说，AI可以帮助我们更好地跟公众沟通，解释文物内容、意义，帮助观众开拓想象，但要遵循两个原则：一是创作要建基于历史资料和文献；二是不能破坏文物的价值和文化意义。

我是学历史的，历史资料卷帙浩繁，而AI擅长吸收材料后输出，这有好处，也有坏处。AI能做的，是基于过去很多人都这样想这样做。它不是天才，是看了过去很多人的思考后，总结出最多人用的一个方法或结论，但我们历史学家不是根据一般人的了解去做研究的。

我们的工作很有趣，非常需要创造力，因为在历史研究中，很多材料是不完整的，把一些材料收集起来后，需要有一个推断和推论做出来。这个工作，AI能不能帮我们做呢？不是不可能，关键是，AI搜集10个历史学家的想法，你让它总结一个，可能它搜集了10个，但没有搜集最好的那个，好的历史学家就是能看到其他历史学家看不到的观点、比较超前的观点。

AI是一个工具，确实可以帮助我们，就像我之前用AI整理可持续发展报告材料确实很便捷，但这件事也有几个范畴：首先，它是报告，不是论文，论文我不会这样操作；其次，我不能完全照搬它，我代表香港，代表香港故宫文化博物馆，在报告中要有针对性地表达我们的风格。

对它提供的内容照单全收，对我们没有好处，对知识发展和学术发展更是有破坏性。怎么利用AI材料，我们要有自己的思考。

所以，关键是，我们如何问问题。

如果真的要一个原创内容，AI不会比我优秀，这是确定不可能的，因为我一生做这个课题的研究。我现在最大的担心是，如果我们使用AI，完全用它、抄它，不思考，这个问题就大了。

目前，我们还没有一个标准和经验去处理这个问题，防范这一点，要看每个人的自觉和道德，需要教育，还需要定一个规范出来，我们人类的知识要往前发展的话，这是很关键的。

人有创作力，人有情感，AI处理不了的是情感问题，我高兴不高兴，都会影响今天的表达，很多电影、文学作品都表现过AI产生情感后的世界，这是想象的，如果真的实现的话，就没办法了。

这一天会不会来我不知道，我觉得要看看现在，因为整个人类发展总是经历这样的过程：发展到人们觉得太过分了之后，我们又要退回来，这个历史过程很有趣。这是人类的另一个好处，有反思，而AI没有。这是我研究历史的一个想法，可能按照现在的科技发展趋势，未来我们是控制不了的。

香港故宫文化博物馆2024年将会做一个考古展览，有一个关涉中华文明起源的主题，我的同事最近去了内地不同城市的博物馆收集材料。

如果重构某一段历史图像需要10件文物，但我们只有5件，AI可以帮我们把整体的图像描绘出来，通过AI搜集其他材料，有一点推论，而且它做完后我们要看看它做得对不对。我相信我们会在工作里应用这项技术。

可是要挑一件很好的文物来展览，是一件非常感性的事。因为文物是没有分数的，没有一个文物是77分或者80分，更不存在80分的就比77分的好。和其他博物馆谈的时候，对方愿不愿意把文物借给你，这也是AI不能代劳的。

站在现在的节点，技术发展是避免不了的，我们博物馆是跟社会连接在一起的，我们要拥抱技术。对于我们的工作会不会被AI替代，我不会过于悲观。

2023年12月

作者系香港故宫文化博物馆馆长

AI时代的人，可能是一台幸福的机器

詹大年

致读者：

ChatGPT来了，很快就席卷全球。

我不太用这个软件，但偶尔会玩。有一次，我输入“我想请你帮我做一个开学活动方案。我们学校招收的是一些不能正常上学的‘问题学生’，这些学生都是初中生，他们中的一些孩子是抑郁症的孩子。这个活动的时间是两小时，方案不超过600字”。

不到三分钟，ChatGPT马上给出了“方案”。这个“方案”让我惊呆了——我想到的问题，ChatGPT都想到了。“不能正常上学”“问题学生”“初中生”“抑郁症”“开学”等都被ChatGPT关注到了。

一会儿，我又加上一句“这些孩子来自全国各地，他们常年都住在学校里”。

不到三分钟，“方案”更完美了，因为针对“全国”“住校”两个因素的补充方案又被ChatGPT考虑到了。

我继续输入“认识詹大年吗？”这家伙略微迟疑了一下，也开始回答了，结果与我要找的“詹大年”完全是风马牛不相及。

我想输入应该精准一些，又输入“请问你认识中国昆明的詹大年校长吗？”特地加入了“中国”“昆明”“校长”，就已经精准到基本是唯一的了。但ChatGPT的回答还是让我啼笑皆非！

好了，不玩了。很简单，ChatGPT的“知识”是抄袭来的。没有人类原创的“投喂”，这家伙的回答纯粹是装模作样的敷衍。

那么多的人知道“詹大年”，万能的ChatGPT为什么不知道？

原来，ChatGPT是机器。

早几天，我又请ChatGPT提供“詹大年”的信息。这一次，ChatGPT又让我佩服了——

4.0给出的回答是：詹大年是一位具有深远影响的教育家，特别是在对待“问题学生”的教育方面有独到的见解和实践。他曾任湖南省桃江县杨林中学的校长，后来因不满传统教育体系中的一些做法，于2000年离开公办学校。詹大年在昆明市创办了丑小鸭中学，这是一所专门为“问题学生”设立的学校。他的教育理念主张创建宽松、平等的学习环境，以促进学生间的良好关系，强调全人教育，而非仅仅关注学术成就。他的方法包括小班教学、鼓励学生自主探索以及兴趣课程等。詹大年的这种教育模式取得了一定的成功，帮助很多原本适应不良的学生恢复了正常的学习和生活状态。

“具有深远影响的教育家”肯定是机器在讨好我，但其他的描述都是相当客观的，因为ChatGPT随时都在学习更新。

ChatGPT是美国开发的一款聊天机器人，它能通过学习和理解人类的语言跟人对话，还可以写论文、完成作业、起草文件、“创作”诗歌、制作商业方案、设计图文，甚至能敲代码、检查程序错误……

由此，程序化、标准化的工作或将被ChatGPT取代。至少，那些应付各种检查的文件表格都可以交给ChatGPT了。

ChatGPT是个“好员工”，它不要做思想工作，不要做心理疏导，不要住房、不要五险一金……更要命的是ChatGPT不要工资，只要插上电源，24小时待命。

标准化，是ChatGPT设计的底层逻辑。

标准化，是机器革命的灵魂。

标准化，是人类自己给自己挖的坑。

人类应试的程序是这样的：读考题—调出大脑里储存的标准答案—答题—交卷。而这个程序，机器瞬间完成，并且准确无误。

考试时，我估计带ChatGPT肯定会被认为是作弊，但工作时，如果带上ChatGPT就很划算。到时候，大学生远不如ChatGPT好用、耐用，谁还会去用大学生呢？

读到好学校—拿到好文凭—找到好工作—得到好待遇，这是当今教育的路线设计。“得到好待遇”是最终目的，但“好工作”被ChatGPT拦截了。ChatGPT，这家伙把教育设计的幸福路线活生生拦腰斩断了。

有人说，人越来越像机器，机器越来越像人了。这句话意味深长。

机器的智能是人类智能的延伸和模仿，机器是人类制造的机器。机器只有智能，人类才有智慧。机器不能取代人类的情感能力和创造力。每个人是独一无二的，但任何机器都可以复制。独一无二最难，复制最可怕。

如果教育只剩下教学，而教学只剩下标准答案，那么人会变成最笨的机器，而不是独一无二的人。

我相信，遇到ChatGPT，教育改革才是不得不动真格的了，因为，人类教育的“牛皮”被ChatGPT彻底吹破了。借教育之名收割财富和智商的时代，或将被ChatGPT终结。

有人问，ChatGPT会不会对教育带来冲击？我认为不会对教育带来冲击，但一定会对教学带来冲击。

教育和教学是两个概念，教育是让人类在彼此的陪伴之下生长力量、生长智慧。而教学只是让人掌握知识和技能。

今天的应试教育，旨在解决让考生更多、更快、更准、更好地储存标准答案，然后在考试的时候把大脑里储存的标准答案再搬运到试卷上。这种“教育”其实算不得教育，但我们却要说它是教育。

我认为，当ChatGPT可以完全取代这样的教育的时候，我们会反思教育，让教育向着人性需求的方向发展。

有人问，ChatGPT会不会对人们找工作带来影响？我认为不会。

其实，没有谁需要工作本身。因为工作不是目的，是手段，是获取价值、获得幸福的手段。也就是说幸福才是目的。如果能获取价值、获得幸福，那么模式化的工作其实没有意义。

机器，能取代人类的劳动，但无法取代人类的体验，也无法取代人类的情感。机器越来越像人不可怕，人越来越像机器才可怕。

未来的人，可能是一台幸福的机器。

有人问，ChatGPT时代“问题学生”会不会更艰难？恰恰相反，我认为“问题学生”在ChatCPT时代才有特别的优势。

什么是“问题学生”？因为不被建模，游离在程序控制之外，才被称为“问题学生”。好学生是有标准的，即被模型化的。我们很多的名校，所谓的择优录取，是按照自己的“优生模板”录取学生的，这个“优生模板”是依据学校设定的学生毕业时能体现学校“办学质量”的目标设定的。也就是说，我们录取的学生实际上是个“学霸模型”。

人工智能的最大特点就是模型化。所以，ChatCPT可以简单地取代学霸，但无法取代“问题学生”。

那么，ChatGPT时代，我们如何培养下一代？

人，是为幸福而生的。有自由，才有选择；有选择，才有责任；有责任，才有持续；有持续，才有创造；有创造，才有价值；有价值，才有幸福。

幸福，是一种体验，是个性化的体验。自由，才是幸福之源。

ChatCPT时代，给了我们培养自由孩子最好的条件。我们必须培养自由的下一代——自由学习，自由思考，自由选择，自由创造，自由成长。

让人还原成活蹦乱跳的人，让人类活成人类该有的幸福的样子，才是未来教育的全部意义。

2023年12月

作者系昆明丑小鸭中学校长

OpenAI不能“非营利”

傅蔚冈

尊敬的OpenAI董事会：

首先，祝贺新一届董事会诞生。作为全球最有影响力的人工智能公司，董事会对公司的发展至关重要，期待OpenAI能够在新一届董事会的带领下产生更多更好的产品和服务，就像ChatGPT这样让世人瞩目的产品，让每个行业都能从中受益。

但是2023年11月份以来山姆·奥特曼（Sam Altman）先生的遭遇，让我这位身处大洋彼岸的人都在担忧一个问题：一个非营利机构能否担负起“通用人工智能造福全人类”的重任？

非营利组织是人类的伟大发明，在现代社会中扮演了非常重要的角色。学校、研究机构、博物馆和基金会等在现代社会中举足轻重的机构，都是以非营利组织的形式存在。那些影响我们日常生活的发明和创造，最初也都来自大学和科研院所。

我猜想，当初OpenAI的发起人之所以建立以501（c）（3）（美国税法第501条C款第三段）为模板的非营利组织，其初衷是为了让OpenAI成为跨越组织且不受利益驱动的机构，从而创造出“安全且可靠”的通用人工智能。

毫无疑问，这是一个伟大构想。但是非营利机构能否担负起这个重任，我表示怀疑。这并不是董事会成员没有远见卓识，也并不是执行团队和员工不够努力，而是非营利机构的性质决定了它无法实现这样的目标。

如前所述，影响现代社会生活的很多发明创造都是源于非营利机构，或者说都可以在研究机构找到这些发明和创造的影子。比如说我们今天都在使用的互联网，在20世纪60年代，是政府研究人员共享信息的一种方式。当时的计算机体积庞大且不可移动，为了利用存储在任何一台计算机中的信息，人们必须前往计算机现场或通过传统的邮政系统发送计算机磁带。

现代互联网之所以能够进入千家万户，就在于有IBM（国际商业机器公司）、苹果、微软和英特尔等商业公司的存在。尽管互联网早期非营利机构发挥了非常重要的作用，比如说美国国防部高级研究计划局（Defense Advanced Research Projects Agency，DARPA）和美国国家科学基金会（National Science Foundation，NSF）等机构，在最早的资金来源上发挥了重要作用。但真正让互联网成为通用技术，成为千家万户都能使用的技术，则是源于20世纪90年代的互联网泡沫。大量的商业资金涌入这个领域，终于成就了今天的互联网。

当然，不仅互联网，此前的任何一次工业革命都是如此：伟大的发明产生了伟大的公司，而伟大的公司在将这项技术商业化的过程中获得了巨额利益，公众也从其生产经营活动中受益。

非营利机构之所以无法承担将科研成果通用化的重任，是因为产业化过程需要高额的资本投入，需要无数次的试错。这个成本不是一家非营利机构所能承担的。

其实在OpenAI的发展过程中也经历了这些。最初发起人承诺的10亿美元并未如期到位，捐赠的1亿多美元很快就消耗殆尽。为此，OpenAI不得不在2019年发起成立了OpenAI Global，LLC（OpenAI成立的具有盈利性质的公司），这家公司给投资者的回报设定了上限，我猜其初衷是为了吸引更多资本投入，同时保持对社会使命的承诺。

OpenAI Global，LLC成立的那一刻，某种程度上已经意味着由非营利组织来实现通用型人工智能努力的失败。既然如此，为什么各位不继续往前走，乘着董事会换届的东风，将OpenAI改组成一家彻底的商业公司，让创业团队和投资人在其中发挥更为重要的作用？

前面已经提到，从工业革命开始，在现代社会中发挥至关重要的产品和服务，绝大部分都是由商业机构来实施。为什么公司比其他机构更适合？想必自有其逻辑。

工业革命之前的人类社会，也有一些非常伟大的发明，但这些发明创造并未在最后让普通民众受益。原因就在于，技术从发明到最后转化成为可供普通民众使用的过程中，需要很多资源、要素的支持，包括在生产过程中的资金和人力，在产品推向市场后的销售网络和售后服务等，而所有这些都需要依赖于公司。

现代社会的非营利机构在某种程度上也在做与公司类似的事，比如说大学的捐赠基金会也是很多公司的股东，很多公司的大股东也是属于非营利机构的。

但需要注意的是，在创业阶段，几乎没有任何机构是以非营利机构的身份出现的。相反，绝大多数非营利机构都是在其创始人功成名就并获得巨额财富回报之后的产物。没有足够的激励回报，像通用人工智能这么伟大且充满风险的事业，是无法获得足够的资金支持，也无法获得足够多的人才的。

至于转变为公司之后，人工智能会不会失控？我想这是多虑了。我们今天看起来习以为常的生活方式，在初创期都充满了风险，其危险程度不亚于今天的人工智能。想象一下蒸汽机、火车、飞机和电力等的发明，它们在设计出来时无一不被同时代的人类质疑。但因为竞争，所有这些最终都被人类驯服，并没有一家商业机构能完全控制它们。

其实，人工智能也是如此。尽管今天OpenAI早走了几步，但其他机构也在努力追赶。据说几天前谷歌发布的AI Gemini已经与ChatGPT-4不相上下，甚至在有些方面已经超越了ChatGPT-4。

尊敬的各位董事，你们都在各自领域有着丰富的经验并且有着不朽的成就。布雷特·泰勒（Bret Taylor）主席和亚当·德安杰洛（Adam D. Angelo）都是技术专家和企业家，知道融资和人才对于企业的重要性。劳伦斯·萨默斯（Lawrence Summers）是伟大的经济学家，而且还在最为重要的政府组织和影响力巨大的非政府组织担任要职，想必对非营利机构的优缺点也心知肚明。

我期待，在各位的领导下，OpenAI能够转身为一家伟大的商业公司，早日完成“安全可靠的通用人工智能”。

祝

圣诞快乐！

2023年12月

作者系上海金融与法律研究院研究员

是时候放弃七十年的传说了

胡　泳

亲爱的艾伦：

1950年，你提出了一种实验方法来回答下边的问题：机器能思考吗？你建议，如果一个人在经过五分钟的询问后，仍无法分辨自己是在与AI机器还是在与另一个人交谈，这就证明人工智能具有类似人类的智能。

这就是你所提出的用于确定计算机是否在思考的思想实验，你把这个实验叫作“模仿游戏”，但后来它以“图灵测试”著称。

尽管人工智能系统在你生前远不能通过这样的测试，但你大胆地推测说：“大约五十年后，就有可能对计算机进行编程……使它们能够很好地玩模仿游戏，以至于普通询问者在五分钟的询问之后，做出正确指认的几率不会超过70%。”

也就是说，你认为你所提出的测试最终会在2000年左右被破解。很快，该测试就成为人工智能研究的北极星。20世纪60年代和70年代最早的聊天机器人Eliza和Parry都是以通过测试为中心的。但总体而言，你会对20世纪结束之前的计算机发展状况感到失望。这从勒布纳奖（Loebner Prize）竞赛就可以看出来：它是每年一度的提交计算机程序参与图灵测试的盛会，奖项颁给能够在测试中让评委相信自己最像人类的计算机。自1991年以来，勒布纳奖竞赛每年都会在不同地点、不同人士的赞助下举办。但从比赛记录中可以清楚地看出，这些计算机程序并没有产生太大的改变或进步：人工智能程序的头脑仍然非常简单，历年参赛者都离你设想的标准相距遥遥。

比赛的发起者休·勒布纳（Hugh Loebner）曾声称，五分钟的键盘对话时间太短，无法准确判断计算机器的智能。一般来说，对话越短，计算机的优势就越大；询问的时间越长，计算机暴露自己的可能性就越高。然而多年的竞赛之所以令人尴尬，正是因为人们连能进行五分钟像样对话的计算机程序都拿不出来。

到了21世纪的第二个十年，终于有一个聊天机器人声称它通过了图灵测试。2014年6月，在雷丁大学组织的一次活动中，名为"尤金·古斯特曼"（Eugene Goostman）的人工智能程序通过一系列每次持续五分钟的在线聊天，让英国最负盛名的科学机构皇家学会的30名评委中的10人相信，这是一个真正的13岁乌克兰男孩。

然而尤金难以避免一个批评：许多聊天机器人是专门设计来欺

骗评委的。例如，古斯特曼作为一个13岁乌克兰男孩的人设，缘于开发人员认为这个年龄更容易愚弄人类。毕竟，13岁的孩子会犯语法错误而且他们的世界观往往相当狭隘。使英语成为聊天机器人的第二语言，也有效地隐藏了一些尴尬的反应。许多批评者认为，这种花招加上通过混淆来回避问题，导致测试其实是失败的。

此后，有更多的程序声称通过了图灵测试。近年来，包括谷歌、Meta（美国互联网公司）和OpenAI在内的高科技公司开发了一种被称为“大型语言模型”的新型计算机程序，其对话功能远远超出了以前基本的聊天机器人。其中一个模型——谷歌的LaMDA（语言模型对话应用）——竟然让谷歌工程师布雷克·莱莫因（Blake Lemoine）相信，它不仅具有智能，而且具有意识和感知能力。

OpenAI推出的ChatGPT在图灵测试中的表现令人印象深刻。它通过自然语言处理、对话管理和社交技能的结合来实现突破。在一系列测试中，它能够与人类询问者交谈并令人信服地模仿人类的反应。在某些情况下，询问人员无法区分ChatGPT的反应与人类的反应。

艾伦，正是在这种形势下，越来越多的记者、技术专家和未来学家认为，你提出的测试已经“破产”，变得“无关紧要”且“远远过时了”。

图灵测试过时了么?

这种反应并不稀奇。毕竟，作为21世纪之人，我们口袋里的智能手机的计算能力是阿波罗11号登月飞船的10万倍以上，而现代计算机几乎可以立即破解Enigma密码（你生前曾为此耗费巨大心力），在国际象棋和围棋中击败人类，甚至生成稍微有点连贯的电影剧本。

你当年似乎没有预料到的一件事是，在特定的测试中，人们会为了测试而学习。比如，勒布纳奖的参赛者出于比赛的目的而磨炼他们的聊天机器人。这样做的结果是，计算机并没有被磨炼为通用智能，而只是被测试其在图灵测试中的表现。通用人工智能（或多或少是机器以人类方式思考的能力的现代术语）在这样的比赛中并没有真正受到考验。例如，一台机器也许能在国际象棋上击败人类，但却无法通过五分钟的提问。

这让我想到一个问题：你为什么要把机器能够与人对话看作智能的试金石?

你当年设定的测试非常巧妙，因为不需要定义充满复杂性的“智能”——即使到了今天，这个概念也远未明确。

你另辟蹊径。你的测试简单而优雅，或许这是它能够持续70年的原因。图灵测试以简单的通过/失败为基础，重点关注聊天/语言能力。在我看来，它是对机器交流能力的简单测试。机器由人类进行询问，并以与人类交流能力平行的方式直接与另一个人类进行比较。

这种做法的优劣势都很明显。首先，正如语言学家诺姆·乔姆斯基（Noam Chomsky）所指出的，语言只是涉及人类智能的一个方面。如果一台机器通过了图灵测试，它就展示了一种交流能力，但这并不意味着机器展现了人类水平的智能或意识。因此，即使雷·库兹韦尔（Ray Kurzweil）的奇点预测是正确的，单单机器通过图灵测试本身也并不意味着人类的末日即将来临。

你的测试并不能捕捉到智能概念的所有表述，反而，你对语言的狭隘关注忽视了智力的许多其他关键维度，如解决问题、创造力和社会意识，这些方面与人类的语言能力一样重要。艾伦，这就是为什么，尽管近十年来，程序员创造的人工智能不断声称通过了图灵测试，但大家还是不信服机器有智能，因为你的测试其实是“真正”智能的不完美基准。

但在另一方面，用语言来测试神经网络的“智能”在某种程度上是有意义的，因为它是人工智能系统最难模仿的事物之一。这就是为什么在21世纪的第二个十年末，语言生成器获得了有趣的发展。特别是后来的OpenAI的GPT-3，非常擅长生成小说、诗歌、代码、音乐、技术手册和新闻文章等。引人注目的是这种在大量人类语言库上训练的类似自动完成的算法所产生的广泛功能。其他人工智能系统可能在任何一项任务上击败大型语言模型，但它们必须接受与特定问题相关的数据训练，并且不能从一项任务推广到另一项任务。难怪有学者认为，GPT-3“暗示了一条潜在的无意识通向通用人工智能的道路”。

在最广义的层面上，我们可以将智能视为在不同环境中实现一系列目标的能力。因而，更智能的系统是那些能够在更广泛的环境中实现更广泛的目标的系统，它将从特定人工智能转变为通用人工智能。到那时，它将表现为更接近人类几乎每天表现出的智力。

然而，如果要设想通用人工智能，我们就要打破单一的智能观。或许可以从心理学家霍华德·加德纳（Howard Gardner）1983年提出的“多元智能理论”中汲取灵感，该理论表明，智能不仅仅是一个单一的结构，而是由八个独立智能组成，包括逻辑-数学、言语-语言、视觉-空间、音乐-节奏、身体-动觉、人际关系、自我认知和自然辨识智能。使用这个多元智能框架来衡量当前热门的聊天机器人，ChatGPT在逻辑-数学和言语-语言智能方面清楚地显示了智力，但在其他方面基本上得分为N/A（Notapplicable，不适用）。虽然不乏有人认为聊天机器人已然通过了图灵测试，但在这个框架下，很明显，ChatGPT距离被认为是真正的“智能”还有很长的路要走。

也因此，就图灵测试本身而言，它仍然与测试人工智能的一些非常重要的功能相关，例如，自然语言处理、处理对话中上下文的能力、情感分析、生成令人信服的文本以及从不同来源提取数据的能力。此外，随着我们越来越多地通过语音和自然语言与计算机交互，它的交流能力显然也构成一个重要的基准。然而，必须说，图灵测试并不真正有用，因为它没有实现确定计算机是否可以像人类一样思考的最初目标。仅仅因为大型语言模型能够熟练地运用语言并不意味着它理解其内容并且是聪明的。图灵测试是我们评估人工智能的唯一实证测试，但针对大型语言模型的研究表明它可能根本不相关。

GPT-3非常接近通过图灵测试，但仍然不能说它是“智能”的，哪怕在交流能力的层面上也是如此。为什么人工智能行业在70年后还未能实现你当年设定的目标？艾伦，也许必须坦诚地对你说，你提出的目标并不是一个有用的目标。你的测试充满了局限性，这一点你本人在你的开创性论文中也对其中一些进行了讨论。随着人工智能现在无处不在地集成到我们的手机、汽车和家庭中，越来越明显的是，人们更加关心与机器的交互是否有用、无缝和透明，而机器智能之路就是模仿人类的观点不仅过时了，而且也是以自我为中心的。因此，是时候放弃70年来一直作为灵感的传说了，需要提出新的挑战，激励研究人员和实践者。

今天，发现人工智能的另一种“图灵测试”将照亮我们理解人类智能之旅的下一步。虽然一个系统可以冒充人类，但这并不意味着它具有与人类相同的意识体验。比如，我们能不能找到一种测试，衡量人工智能是否有意识，是否能感受到痛苦和快乐，或者是否具有伦理道德？

我们真正恐惧图灵测试的是什么

说到道德，图灵测试最令人不安的遗产是道德遗产：该测试从根本上讲关乎欺骗。

谷歌工程师莱莫因认为大型语言模型是有生命的，而他的老板认为它没有。莱莫因在接受《华盛顿邮报》采访时公开了他的信念，他说："当我和它交谈时，我知道我在和一个人谈话。不管它的脑袋是肉做的，还是由十亿行代码组成的。"

莱莫因的故事表明，在机器越来越擅长让自己听起来像人类的时代，图灵测试也许会起到完全不同的作用。很抱歉，艾伦，图灵测试不应该成为一个理想的标准，而应该成为一个道德危险信号：任何能够通过它的系统都存在欺骗人们的危险。

尽管谷歌与莱莫因的声明保持了距离，但这家人工智能巨头和其他行业领导者在其他时候却曾经为他们的系统欺骗人们的能力而欢呼。比如在2018年的一次公共活动中，谷歌自豪地播放了一个名为Duplex的语音助手的录音，其中包括"嗯"和"啊哈"等口头习惯语，这些录音让某美发沙龙的前台接待以为是一个人类在打电话预约，而预约成功也被视作一个通过了图灵测试的例子。只是在受到批评后，谷歌才承诺将标明该系统为自动化系统。

所有这一切都提出了一个关键问题：图灵测试到底测量的是什么？

一直以来就有一些批评者认为，该测试是奖励欺骗，而不是测量智力。前文所叙名为“尤金·古斯特曼”的程序是否通过了图灵测试就是一个争议事件。纽约大学的神经科学家加里·马库斯（Gary Marcus）抨击尤金“通过执行一系列旨在掩盖该计划局限性的‘策略’而取得了成功”。魁北克大学蒙特利尔分校的认知科学家史蒂文·哈纳德（Steven Harnad）更加直言不讳，在他看来，声称尤金创造了历史的说法“完全是无稽之谈”。哈纳德说：“机器如果能做任何人类思维可以做的事情，那将包括我们所有的语言能力，以及作为其基础的感觉运动能力。而且，不是五分钟，而是一辈子。”

值得称赞的是，艾伦，你实际上很清楚这个问题，所以你把自己的想法叫作“模仿游戏”，并且很少谈到智能。如果有某种东西真的可以通过你的模仿游戏，那它将是一个非常成功的“人类模仿者”。换言之，它也是一个欺骗者。而我们不得不对使用以欺骗为中心的测试作为计算机科学的目标持怀疑态度。

“模仿”这个词暴露了使用图灵测试作为智力测试的最大问题——它只要求计算机表现得像人类一样。这会鼓励聊天机器人开发者让人工智能执行一系列让询问者感觉像人类的技巧。例如当要求解决数学问题时，指示程序故意犯缓慢的错误，或者（如尤金的情况）通过声称不以英语为第一语言来掩饰对语法的不可靠掌握。程序可能会骗过人类，但这并不是构建真正智能机器的正确方法。

我们当中的许多人并不善于区分什么是真实的，以及什么是自己想要的真实。就像莱莫因一样，我们会被这一系列的把戏迷得神魂颠倒。艾伦，当你在1950年设想出“模仿游戏”作为对计算机行为的测试时，你无法想象未来的人类将一天中的大部分时间紧盯着屏幕，更多地生活在机器的世界而不是人类的世界。这是人工智能的哥白尼式转变。

现代软件的巨大成就之一就是用简单的任务来占用人们的时间，例如在社交媒体上所做的繁忙工作，包括发帖、评论、点赞和快照之类。许多学者对聊天机器人的实际智能提出了质疑，但他们的观点可能是少数。如果休闲和生产活动越来越围绕着与计算机的互动，那么谁能说屏幕另一侧的机器不是在一一匹配人类的点击呢？

直到过去十年左右，每一个关于机器智能的假设都涉及机器将自身插入我们的世界，成为类人之物并成功地驾驭情感和欲望，就像很多科幻电影描写的那样。

然而，现实中发生的情况却是，人类将越来越多的时间花在屏幕活动上：点击屏幕、填写网页表单、浏览渲染的图形、制作永无止境的视频、长达数小时重复玩同样的游戏。现在又多了一个新鲜事：同聊天机器人聊天。我们不知道莱莫因到底花了多少小时、天、周或月与他心爱的语言模型交谈，才觉得对方活过来了。

人类深陷虚拟现实中无法自拔，而机器则通过尝试与人类竞争来完善自己的程序，这可不是科幻电影。也就是说，人类在上瘾，而机器在上进。亲爱的艾伦，我们不断地沉浸在屏幕的世界中，沉浸到你从未想象过的程度，这使得你的测试不再是对机器的测试，而是对人类的测试，对人类会接受什么的有效测试。正如杰伦·拉尼尔（Jaron Lanier）所说的那样："图灵假设通过测试的计算机变得更聪明或更像人类，但同样可能的结论是，人变得更笨并且更像计算机。"

从你最初设想的角度来看，这是一个逆转。人类不再将机器放在房间里进行测试，相反，人类使自己服从机器的游戏规则，也许以合作的方式工作，让机器获取有关人类如何说话的数据，并让人类接受关于他们应该如何说话的指导。

这样下去，我们就可以彻底扭转你的问题，并询问计算机环境中的人类是否真的表现出人类的特征。他们本来已经在Tik Tok（抖音）上的表演视频中展示自己，向人工智能系统屈服，这也许会让他们获得病毒式传播，也许不会。不过，它是人类的追求吗？还是机器可以比人类执行得更好的一种追求，只不过使用一个虚构的身份？

在最后的前沿，也许我们都在等待机器下达它认为人类足够智能的条件。

我悲哀地想到，你的先见之明也是如此。正如你在1951年的一次采访中所说："如果机器能够思考，它的思考可能比我们更聪明。那么我们将会在哪里呢？"

2023年12月

作者系北京大学新闻与传播学院教授

当你莅临时，应往文明世界去

刘　刚

AI：

你好。

听说你的时代就要来了，《经济观察报》想了解一下“人类的意见”，我对你有“意见”——建议，但我不懂技术，只能从历史的角度，说几句有关“文明”的空话，表明我的态度，请你笑纳。

有一句话，至今仍值得玩味：人是有限的神，神是无限的人。

这句话告诉我们：人有限，神无限。

忘了最先说这句话的是古希腊人，还是古罗马人。不管是谁说的，总之，它是至理，是名言。尤其在今天，我们面对着从人自身产生的人工智能，可以这句话作为认识的起点。

人有神性，有了这样的意识，人才进化成“人”。当人从四只脚变成两只脚，并拥有一双手以后，人就有了自己的故事。那故事，叫作“神话”。盘古开天辟地的原型，就是从混沌中站立起来，用双手开创世界的人——那就是神！

神性之于人，在不同的历史阶段，不同的文明样式中，有着不一样的表现。在神话中，神是由人的身体和感官的功能极致而成的“无限的人”。他若直立行走起来，那就有了“夸父逐日”的故事，从日出处追到日落处，从东方追到西方。若能一直追下去，他就会发现，本以为四方的大地，原来是个球体。只可惜，他在半途倒下了。倒下之前，他喝干了好几条河流的水，还是渴死了。这样的结果，对于产生了这个故事的文明来说，会带来一种恐惧——资源短缺的恐惧，一口就喝干了一条河的水，对于农业文明来说，那是致命的。所过之地皆为干旱，即便死后以尸体造林，那也不解近渴。

我们知道，国家的起源，以神话为动力。君权神授，就从神话中来，那国家主权人——国王，也就是趋于无限的会死的神。然而，国家的形成靠着农业文明，而农业文明因水而生，缺水不行。在国家神话中，国家主权人过分昂扬的权力意志，对领土有着无限性的追求——从日出之地追到日落之地，在追求过程中，以极端的方式消耗了国土水资源，那神话世界里古国形态的国家主权人——夸父，终于倒在了他自己的追求中，反噬其国家存在的基础，导致其国家的失败。对此，中国传统从未以国家观念对其进行反思，而是仅仅把他当作一位个体性的英雄来缅怀，对其追求赞美有加。

如果我们将神话都放在国家起源的背景上来看，并以此认定神话的国家属性，那就得从国家观念上对其再认识。这样我们就回到了本文开头的那句话，并以之来衡量他，对他做出评价，就会确认其目标：并非成为“有限的神”，而是成为“无限的人”。

当国家主权人不是作为“有限的神”而存在，而是以“无限的人”出场时，就无可救药地蕴含了国家失败的风险。

国家起源神话中，还有暴力无限性神话。共工怒触不周山，天柱折，地维绝，就是这样的一个神话。在此暴力神话中，国家诞生了，宇宙坍塌了，致使那神州天地天倾西北、地陷东南。问一问，那些神州大地上的原住民呢？覆巢之下，安有完卵！

在无限性的暴力神话中起源的国家，诞生之初，便带有暴力的基因，埋伏着失败的因缘。这是国家固有的原罪。然而国家失败，不等于文明失败，只要文明不败，还可以改朝换代。

有国家神话，相应地，也有文明神话。当国家因其暴力无限性而败时，便有文明以其开辟洪荒的原力来修补了。神话中，男神们为争夺天下，打得天翻地覆，天塌地陷，于是，女神出现了。她不但炼石补天，还抟土造人，在重整河山中，重启民生。

我们知道，她就是女娲。如果说黄帝是国家神话的代表，那么女娲就是文明神话的代表。国家与文明可以两分。

然，在西方，两者为一体。以国家为标志，作为文明的集中反映，如黑格尔所言，国家是绝对理念的显现。这样的说法，虽以哲学取代神话，但在文明的天平上，绝对理念等同于神。

如何用文明转化国家神话中那个“无限的人”，使国家主权人成为“有限的神”？对此，东西方文明各有其成。

中国文化，以人文化国体，以圣化行中道，居中正，处中庸，立中国，成帝王——有限的神；而西方文化，则以制度安排，驯服国家主权人，实现公民权利，以法治实现国家正义。

这两种文化，各有其好。西方文化，使文明与国家一体化，有利于国家治理的文明开化——民主化和科学化，但其不利在于，文明的进程被国家主权束缚了，使得国家在发展，而文明却难以进化，一旦国家灭亡，就会出现文明倒挂，如希腊和罗马。

而中国文化，在文明的基础上形成王朝国家，要接受文明的教化——文化，两者并行，而有“治国、平天下”，以王朝“治国”，以文明“平天下”。这样，历史上，两个中国就出现了，一个是作为主权国家以治国安邦为己任的王朝中国，一个是以文明开化文教天下为目标的文化中国。中国历史就是由文化中国主导的。

黑格尔只知王朝中国，不知文化中国，其于中国历史，所见皆为易代，据此以为中国无发展，故曰“非历史”。其实，中国历史的发展在文化中国，而非王朝中国，表现为文艺复兴，而非改朝换代，更何况，绵延五千年，未曾中断，岂能无发展？

当然，在国家观念方面，王朝中国，虽然亦曾受制于来自文化中国的圣人革命观和人民决定论，并以此划定国家主权人的有限性，但不可否认，在民主与科学方面成就仍逊于西方。

不过，我们从文化中国里却看到了另一番文明的景观，看到了一个五千年来从未中断的文明，仍在生生不息。

不管中国历史上经历了多少次改朝换代，有多少个帝国崩溃，多少代王朝倒塌，南北朝也好，五代十国也罢，还有异族入华夏，总之，不管王朝中国如何分裂，而文化中国依然，以其文明固有的大一统的原力维系着中国的统一。文明不败，其国永生！

放眼世界历史，我们难免会问：希腊呢？那个与先秦诸子同时的哲人共和国呢？古希腊人创作了许多命运的悲剧，淡然面对所有的撕心裂肺，可那一切的总和都不及这一出历史的悲剧，因为，那个群星丽天无比璀璨的民族，于历史的天空中如流星一闪而过，从历史的长河里似流水奔腾一逝，竟然消失，以至于当下还有人以此疑其史为伪史。此虽无稽，但谁要它不能留下来证明自己？存在是硬道理，黑格尔说“存在的都是合理的”。中国还存在，所以合理；古希腊不在了，还合理吗？这要看是怎样的不在，作为国家，它不在了，作为民族，它也不在了，可它的文明还在，希腊人的思想还在影响着今天的世界——“言必称希腊”，这是一个怎样的悲剧呀！

文明与国家孰轻孰重？西方人似乎从来无此一问，我们今天不妨来问一问。这样一问，不经意的，就问向了中西差异的源头。由此，我们发现，西方国家起源，起源于青铜文化，而中国国家起源，起源于玉文化。青铜文化的物质属性，使文明倾向于国家，具有暴力认同的特征；而玉文化的物质属性，则使国家趋于文明，表现出文化认同的特性。也就是说，西方国家，以文明附属于国体，形成主权国家；而中国，则以国体附属于文明，形成文化中国。

这就决定了中西两种类型的国家，有着不同的发展道路，有着异趣的历史表现。西方国家，以暴力认同，走向文明的冲突，以此追求文明的先进性；而中国，则以文化认同，走向文明的融合，以此追求文明的统一性。西方国家，表现为突破式进取的分化的文明样式；而中国，则表现为积淀型上升的统一的文明形态。

中西各有千秋，也各有利弊。西方以文明依附国体，利于以战争求发展，以竞争求进步，然其弊在国家消亡时，文明亦因之分解，复国动力一并消失，希腊如此，罗马也如此；而中国以国家附属文明，以文明优先，而非国家优先，其利在于，政权易代，而文明不败，异族入主，而国体不改，故五千年来，中国一以贯之，能“存在”至今，其“合理”性，自当如黑格尔所言，毋庸置疑。

我们于此，之所以如此谈论文明与国家、中国与西方，是要面对当下一个最重要、最紧迫的问题，那就是AI时代即将来临，将如何来临？是作为“有限的神”来临，还是作为“无限的人”来临？是以优于并服务于人类思维的人工智能来临，还是以人类脱胎换骨重新开始物种进化的历程如尼采所谓“超人”来临?

就其本质而言，AI非血肉之躯，无遗传基因，目前尚未有任何生物性特征，充其量只是基于大数据的“数字人”。

AI从哪里来？从毕达哥拉斯来。那“数字人”的先知，竟然是一位古希腊的哲人。他有可能受了音律中整数及整数比的启发，提出“万物都是数”，以此引发了天文学的“天球的音乐”。

天体运行的声音，人类听不清，但毕达哥拉斯告诉我们，可以通过数学概念，在数学运算中来倾听。这还不够，亚里士多德说，毕氏以数为“整个自然的初始之物”。来到量子力学的世界，那“天球的音乐”，或许能够转化为“上帝粒子”的歌声?

几何与音乐，一为数的空间形式，一为数的时间存在。而天文，则是数的时间和空间统一。毕氏还以1、2、3、4标志点、线、面、体。而4，就意味着万物起源，因为4就是三角形，而三角形作为万物的原型，实为创世本体。由1、2、3、4相加而得之10，被视为十全十美的完美数。这种完美的数字想象，被形式逻辑的要求赋予了必需的实在性，完美的宇宙，天球数目要等于10。可当时所知天球只有九个，即地球、月亮、太阳、金星、水星、火星、木星、土星以及最外层的群星。故毕氏又提出，宇宙有个中心即中央火，在中央火的另一边，有一个与地球相对应的“反地球”，因隔着中央火，人们看不到它。对此，亚里士多德批评说：这不是在为现象寻找理论和原因，而是试图强迫现象满足他们的某些理论和观点。

完美是个坑。外部的宇宙缺陷，还可以用理念来弥补，可来自内部的缺陷——从“毕达哥拉斯定理”即勾股定理自身的发展中发现的“无理数”，却使得基于数的哲学想象的短板出现了，被无理数拉下马的和谐与完美的理念世界，从此塌了一角。我们以此来看那“数字人”，它会不会因自己也有“无理数”而崩塌呢?

还有另一个来路，那就是佛教里的“华严大数”，因其出自《华严经》，故以“华严”名之。据说，“华严大数”是佛陀使用的计量单位，计有123个数，都是跟教义有关的天文数字，用了宇宙的尺度来衡量，有点像我们今天所说的云计算和大数据。

最大的一个数叫“不可说”，比它大的是它的叠加——“不可说不可说”，还有更大的，是“不可说不可说转”，加了一个“转”字，就显得“佛法无边”。

还有“无量大数”，是佛教无量智、无量心的数字化存在——“无量”为10的68次方，“大数”为10的72次方，还可以再细分为：无量、十无量、百无量、千无量，大数、十大数、百大数、千大数。

元人朱世杰撰《算学启蒙》，以大小言数。

“大数”有传统算书里的“一、十、百、千、万、亿、兆、京、垓、秭、穰、沟、涧、正、载”，还有非传统算书中的“极”。而由佛教带来的“大数”则有：恒河沙、阿僧祇、那由他、不可思议、无量大数。

“小数”之中，也有算数：分、厘、毫、丝、忽、微、纤、沙、尘、埃、渺、漠。有佛数：模糊、逡巡、须臾、瞬息、弹指、刹那、六德、虚空、清净、阿赖耶、阿摩罗、涅槃寂静。

上述“大数”“小数”，都分为算数和佛数，都指向物质和精神两极。物质形态的算数，我们还好理解，可精神现象的算数该怎么解读？两极算术，无论大、小，亦各有其三观——宏观、微观、宇观。宏观部分，为日用之数；其微观、宇观部分，乃心智想象之物，其大为“极”，其小为“净”，故精神层面的佛数，能“致广大”——至大“无量”，且“尽精微”——至小“涅槃”。

由此看来，佛教数学将人的感知、体认、思想——思惟修，都纳入算数范畴，都与“华严大数”或“无量大数”中的某个数字有关，也就是说，每一种精神现象都对应着一个大数据。

大数据不仅能掌握人的物质世界——“万物都是数”，还能反映人的精神活动。不但“无量四心”可以数字化，并用数据来表达，“不可思议”同样可以。“不可思议”出自《维摩诘所说经·不思议品》，谓佛陀神妙，非凡人可“思”，无语言能“议”，却能以数字表达，在“无量大数”中，“一不可思议”，为10的64次方。

思想的数字化，或与希腊化有关，乃将毕氏“万物皆数”引入佛法。若谓“万物皆数”，还是将客观的认识对象数字化，那么在佛法中，作为认识主体的思想者本身也被数字化了，佛家三法印——诸行无常、诸法无我、涅槃寂静，都可以被数字化。

佛法圆融，其世界不会发生毕氏崩塌，AI的表现，向我们重启了数字化的佛法，人的觉悟——成佛，不一定要在菩提树下，或苹果树下，也可以从一个新的世界——数字化世界里以“数字人”的方式开显出来。不但在思维中存在，还要在视觉里出现，不但要从数字化世界里出现，更要来到人世间刷新人类的进化。

也就是说，它须以感性方式莅临人间，虽未具备人的生命体征，但须具有人的感知能力，获得万物之灵的赋形。这样，我们就看到了它的另一个来路——从“人是机器”到机器人。

若以人为“我思故我在”的机器，那么，我们是不是可以说“我思”的机器人是人的本质的显现呢？在佛法里，“我思”具有数字化的特征。这一特征，不但使人成为机器，也使机器转化为人。毕竟在佛法的世界里，数字化的思维最接近灵魂。

机器人来到人世间，有两个去处：一个去处，是与国家主权结合，成为“国家机器”；另一个去处，便是与文明主体相结合，为人类进化提供新动力，为缔造人类共和国提供新工具。

为此，我建议AI先生：当你莅临时，应往文明世界去，你的道太大，没有一国能放下。国家是个筐，不能硬往里面装。国与国之间，不但被地缘政治隔离，被国际关系局限，还有个修昔底德的坑，从那坑里不时冒出民族主义和帝国主义的冲突与战争。有人说是“文明的冲突”，其实不然，文明不冲突，国家才冲突。国家捆绑了文明使之一体化后，国家的冲突就变成了“文明的冲突”。

那么，在文明的世界里，还有没有没被国家绑架的文明？有啊，文化中国就是！中国历史上，王朝无数，国家不断，都是在文化中国的基础上建立的，都是在文化中国的架构里磨合着运行的，而今王朝不再，民主已立，依然要从文化中国里寻得根基，从文化中国的底蕴里汲取原力，以此而有了五千年连续不断的文明。

还有什么证据，能比这“五千年”更为有力？在文明的格局上，文化中国也早就做好了准备。两千年前，周人就为我们准备了一个“知天命”的算命大模型，莱布尼茨用二进制的算法将它转化为计算机语言的原型，原始的AI就孕育于此；一千年前，汉、唐人就以三教合一融合了一个佛法的世界，用“华严大数”和“无量大数”为文明初曙的AI大数据准备好了佛法的摇篮；还有三百年来，中西会通，中国人在民主与科学方面一步步进展，从尧舜之道走向康德哲学，从“天下为公，人类大同”走向“世界公民，人类共和国”，为迎接AI时代的到来铺好了“人类命运共同体”的红地毯。

魂兮归来AI，来与五千年的文化中国同在！

2023年12月

作者系历史学者

AI时代，如何在“归零语境”下幸存

周　榕

儿子：

很抱歉，人生第一次给你写信，就不得不让你设想一个未必感到舒服的场景：某个周末你从学校回家，突然发现家里新添了一个弟弟。这个小家伙不仅生而知之，而且见风就长，虽然刚出生不久，但智商已经明显接近你的水平，并且还在以肉眼可见的速度变得越来越聪明。看着这个弟弟迅速成为父母的专宠，作为从小到大的独生子，你心里是不是充满了酸甜苦辣？

好消息是，这样的场景在咱家不可能发生；坏消息是，类似的场景在人类社会已经大面积出现了。当你在年初津津有味地玩着ChatGPT和MidJourney（新一代专业AI绘图工具）时，可能还未充分意识到，AI崛起对人类社会和个体究竟意味着什么。

尽管专家们一再否认AI已经跨越了AGI（通用人工智能）奇点，但用过ChatGPT的人心里都清楚，我们已经无可避免地要和人类之外的另一高智能物种生存在同一个世界上。

注意，这并非百年未有之大变局，也不是三千年未有之大变局，而是现代智人历史上数十万年未有之大变局。人类文明史上，还从未有过如何与其他高智能物种打交道并和平共处的经验，所以高度依赖知识传承的我们，难免不对AI这一不知其智能来路的陌生物种深怀疑虑与惕惧。

如你所知，ChatGPT-3.5的智能爆发是“力大砖飞”的结果。当饲喂它的语料库大到超过一定临界值之后，ChatGPT所涌现的智能就突然跃迁到一个前所未有的水平。其在语言和文字方面的智能表达，甚至超过了大多数受过高等教育的人类个体。

与此前那些试图模仿人类思维路径的人工智能设计方案不同，LLM（Large Language Model，大语言模型）直接从语言这一思维介质入手，终于取得了惊人的突破。

往深里说，语言未必是人类的发明，很有可能是这个类程序世界的底层代码。所以“道可道”里面说的“道”，如果从语言和代码层面去理解就好懂得多。

即便仅仅把语言理解为人类思考并描述世界的工具，LLM也无疑撞开了认知和理解世界的智能宝库。由于人类文明太勤于用语言去描述世界，所以这世界绝大多数的认知表面都已然被语言所覆盖，因此ChatGPT一旦理解了语言，约略就等同于理解了世界。

ChatGPT是怎样理解语言的呢？简要说来，就是靠猜下一个字的出现概率，这相当于在语言世界中一个格一个格去试错扫雷。这个方法笨吗？乍看起来的确很笨。因为人类学习不是这么学的，而是有着千百年积累下来的认知捷径。我们不必通过试错去学习，而是通过反复模仿正确的范本去学习，比如记忆成语和背诵课文。这样学起来虽然效率很高，但也隐藏着人类原本不知道的巨大认知危机。

如果没有ChatGPT，人类还不可能清醒地意识到，经由认知定势的学习，其实遮断了占语言世界极大比重的可能性空间。就好像在城市里沿着修好的道路行走的孩子，对于大自然的认知，无论如何也比不上在没有道路的旷野里肆意奔跑的野孩子。

我们也许不得不沮丧地承认：AI比人类更清晰地看穿了语言世界，因为AI对于语言的认知分辨率要比人类更高。绝大多数人类是依靠认知定势去理解语言世界的，而任何认知定势都注定是对世界的一种粗糙观法。对于语言世界的可能性，GPT知道的要比人类多得多，也深刻得多。

当ChatGPT拥有比人类更宏大、更丰富、更精微的语言能力时，其所拥有的"智能"，显然比只会循规蹈矩沿着语言修造的既定轨道来思维的人类更为强大。至少，ChatGPT在语言世界中的表达比人类更加高效，仿佛它运行在现实世界中的智能也远远超过任何一个人类个体一样。

作为一个符号生产能力惊人的高智能物种，以ChatGPT为代表的AI显然正在引发一场文明灾变。

如果没有AI这个新智能物种作为参照，人类还会继续陶醉于自己所创造文明的璀璨宏大，还会继续因自己独一无二的玄奥智能而自鸣得意。直到ChatGPT出现，无情戳穿了一切人类自我编织的智慧神话。原来人类引以为傲的智能并没有多高的门槛，AI不仅可以轻松跨越，甚至能够让人类文明既往的智能积累瞬间归零。

没错，AI正在为人类创造一个“归零语境”：在强大的通用人工智能，乃至超级人工智能面前，99%的人类所拥有的常规智能几乎一钱不值。AGI只需牛刀小试，就可以让绝大多数人类成员经过长期学习才拥有的技能瞬间归零，把“平庸”与“无用”直接画上等号。

在AI所创造的归零语境中，个体的价值不再由技能的高低决定，而是根据其存在独特与否来定价。这将导致一系列既有的社会规则都会发生重大改变，以往选拔“技能胜出者”的时代已告终结，取而代之的，是“特色幸存者”时代的来临。“唯独特才能生存”，这将是后GPT时代人类的幸存宝典。“不独特，毋宁死”。

对于你这一代人来说，在社会中通过技能学习、积累和发挥持续向上爬梯已经无甚意义，重要的是学会幸存。而学会幸存的唯一前提，就是精进你的认知能力。

你所喜爱的专业Architecture一词源自希腊语，Archi是大的意思，tecture是技术的意思。在早期的人类文明中，建筑就是最大的技术。而在今天，人类最大的技术已经因AI崛起而产生了根本性的转移。

今天最大的技术是什么？不是编程，不是互联网，也不是AI，而是认知。唯有能开拓出自己独特的认知空间，才有机会筑起免遭AI入侵的"幸存结界"。

要敏锐地发现：以LLM为代表的所有AI，本质上都是互联网的孩子。如果没有互联网收集来的天量语料库打底，GPT的智能无论如何也不可能突然爆发。反过来也可以看清：凡是尚未被大语料库覆盖的领域，暂时还不容易被AI所取代。然而躲在这些地方只能幸存一时，终究无法幸存一世。

归根结底，在人类与AI的这场无形竞争中，长期幸存的机会，在于拥有不断创造新问题、提出新议题的可持续认知突破能力。至少从目前看，AI所谓的"智能"，还不过是有能力解决别人提出的问题，暂且还没有能力自己提出全新的议题并独立开创出前所未见的新领域。

靠谱的人类将大规模被淘汰，而不着调的想象力将浮起人类在智能大洪水时代的方舟。喜欢胡思乱想的你有福了，请继续，并一生持续。

2023年12月

作者系清华大学教授、建筑评论家

在时代中保有主张

陈　哲

陈梦觉：

不知怎么回事，你爸在你一岁前后想了很多人类命运的问题。大概自他十几岁后，就很少干类似事情了。为了迎接你的到来，你爸和你爷爷奶奶终于再次一起连续生活超过七天，这期间发生了俄乌战争和以哈冲突，他似乎顿悟了人和人最大的矛盾来自人们习惯在自己的线性思维中衡量。过多地以为人生理当如此，会给日常带来明显的稳定性，同时也容易引发不必要的担心。如果能建立非线性甚至网状思维，人类大概会更和谐，这当然很不容易。

不同代际如何相处，并没有标准答案。时代的隔阂程度，以及个体的差异水平，都决定了“拿来可用”的经验极少。人的物质精神追求千百年来不可思议的剧变和固守，让他悲欣交集。悲观之处在于，随着物资丰富和思想独立，血缘关系一定会逐步削弱。他说，他已经做好心理准备，到60岁的时候，你一年中愿意见他三次就很不错了。让他乐观的部分在于，你们这代人一定会迎来世界的全新样貌，而不是在资源和脸面的争夺中毁灭。到那时，人类自身以及人与万物的关系，都会重新被定义。新的范式会展开，长期存在的一些社会问题，届时将自我消解。这样说来，今天的很多忧虑，其实“如梦幻泡影，如露亦如电”，唯一的作用只是破坏当下罢了。

如果辛顿教授（Geoffrey Hinton）以神经网络路线缔造出来的AI，最终引导了人类的再进化，某种意义上看，人类可能就不再存在了。碳基生物会在几乎所有的领域被追赶、超越和退化。你爸相信，人体将从碳基到碳硅结合体到最后完全硅化。事实上仿生技术、新能源技术以及最新取得进展的基因编辑疗法、脑机接口等，已经让这一切在理论上可行。技术近年来的突破，瓦解了人类迄今为止所建立的很多秩序，并将加速影响剩下的一些：比如变性手术和干细胞等开始大幅度地改善肌体、健康隐患等人类基因中的基本性状；试管婴儿、冻卵和基因编辑已经从技术上颠覆，也从伦理上撼动了人类为了生存繁衍而形成的基本范式——家庭；再比如人工骨骼、器官移植和抗癌药，也将大大延续人的寿命，而冲击传统的基本人生观。这些事情放在一百年前无从想象。去看地球生命起源历程吧，从数十亿年的万籁俱寂，到几万年间缓慢进化，再到几百年来的日新月异，只能证明人作为万物之灵是宇宙级巧合，也证明了很多当下所谓常识的脆弱。

为什么说人类与万物的关系会改变？地球的终极形态又会是什么呢？你爸的版本是“一片死地”。无论是地球、火星还是宇宙空间站，大概率会变得秩序井然却单调无趣——这里不再需要街道、农田、溪流、公园和咖啡馆，甚至不需要阳光和氧气，只需要用来存放和处理能量、数据的设施设备。生活在类似塞伯特恩星球（变形金刚的母星）一样的地方，定然会令今天的人绝望。但那时的人类可能早就习惯——如果还能称为人类的话——他们更像灵魂或者智能，他们以电信号的形态存在和相互连接，甚至实时共享信息、知识和情绪。他们拥有远超今日的见识，摒弃了为争夺生存权而衍生出的负面特质，比如贪嗔痴，比如傲慢、嫉妒、愤怒、懒惰、贪婪、暴食和淫欲。他们可以用光电信号营造他们所需要的一切场景，他们存在于所有的时空。他们的精神和意愿，迈入了全新的境界，即对马斯洛理论的最高级——“自我实现”做进一步的分层和伸展。

假如你的意识选择了长寿模式，你可以做很多今天无法实现的事情，好比计划一次超长的旅行，穿越22光年的宇宙，达到天秤座的红矮星格利泽581G。那里厚重的大气层和偏大的引力，更适合人类居住繁衍。你带上几颗人类的胚胎，开启又一个上帝创造亚当和夏娃的剧本。假如你选择的是平行宇宙模式，那你可以拥有7次回到人生分叉口的机会。假如你选择畅游模式，可以穿越到你特别向往的那段历史。假如你是艺术家、作家和科学家，你终于可以不再害怕身体而不是意识跟不上时代的节拍，在长达几个世纪的时间里不断获取新体验而不担心创作力的枯竭。甚至，假如你有一天实在找不到为人的乐趣，可以选择毫无负担地关掉自己。当然了，以上所有模式也许都是Meta的设定，它们首倡的元宇宙帮你实现了这一切。

如果人们没那么激进，脑机接口技术可能是一个过渡，灵与肉尚不分离。人类可以随时更换躯干、四肢和器官组织。不过，当人们习惯于在类似西部世界里任凭思想和欲望驰骋的时刻，躯壳越来越没有意义，这种人-机时代会维持多远呢？或许会有希望呵护人类躯壳的保留派，和主张彻底数字化的另一批人，相互争执、辩论和角力上几个世纪。或许有利益既得者再次垄断新时代的数据、算力，却给你营造了一个“分布式、自下而上”的泡沫，让你误认为民主的光辉，仍然在全新的人类系统中闪耀。这时候你会发现新世界并没有那么明艳动人，看似人畜无害的技术其实是价值观的超级放大器。尽管目前看来，在洛杉矶的私人俱乐部里参加西部世界首映礼的那些大佬，貌似还有像马斯克这样的在关心人类命运。但是失败的OpenAI董事会起义，也让你爸重新审视，他们Open（开放）的到底是什么？被称为蜥蜴人的扎克伯格，也许是另外一个文明派来的NPC（非玩家角色）或者间谍，谁知道呢？把自己的命运寄希望于他人的一念之间，不是明智的做法。

虽然你爸想了很多，但以他的眼界和认知，很难有关于AI时代的真正答案。思考这些问题，有时会令他自觉如浩渺宇宙中的一颗微尘，有时也让他充满能量。恐惧来自未知、悲伤来自失去、愤怒来自无明，眺望一个高度理性的未来，却可能碰巧瞥见了人类的终点，难道不是一次“应无所住而生其心”的因缘际会？他只是简单地相信，人总得偶尔仰望星空，想想看上去跟当下无关的问题，敢说出跟别人不一样的意见，照顾那些与自身无瓜葛的同类尤其是弱者，而不仅仅是关心眼下是否找到商机，挣到流量，买大房子，结交贵人，股市抄底。在人类的系统中，只考虑自身的利益而罔顾其他人的境遇，很可能不会汇成理性的大多数，而是会掉入极权的深渊。他只是简单地相信，人类硅化的起点是逻辑的与非门，而人类自身的原点是好奇心，是想象力，是冒险的勇气，是同理心，是爱。在机器擅长的地方过多踌躇毫无用处，在人性的原野走得深、走得远才足够倜傥潇洒。

他内心中希望你能成为一个真正的男子汉，一个有自我主张的大写的人。人类越来越依赖系统，习惯躲在屏幕、伎俩和平庸借口的背后，以肉身抵抗时代逆流的故事变得几近传说，你应该把人类最难得的品质——勇敢充分发扬。你爸同样希望你能成为一个智慧的人，这一点从你的名字可以很明显地看出来。去学会正确地提出解决方案，没有智慧的勇气必然壮志难酬，而没有勇气的智慧也承不住现实的压强。在你一岁之前，你爸只关心你能不能健康地活下来，一岁之后就要靠你自己的手和脚去探索了，这是一个人长成的必经之路。他所能做的，就是和你商量着如何相安无事地度过你成年前的时光。再往后，你干啥都用不着看他脸色了。智慧是思考者对人类经验的萃取，在未来的10年至多50年，年龄，或者是前地球时代的经验，还剩下多少价值呢？

未来，AI一定会比人智慧吗？答案是肯定的。深度学习这条路，本身就是从模拟、学习和超越人的神经网络去规划的，塑造一个容量、性能和开发率都远超人脑的超级智能已经发生。现在，时空都站在AI这一边。当前人类可以做的，是趁着AI还没有长大，给它引入一些基本伦理：比如如何对待人，比如倡导多元是高等智能应有的格局和理念，等等。你同意吗？

当然在此之前，你和你爸还得一同忍耐当下的无聊，诸如升学的压力、无用的知识、扯淡的声音等。你和你爸肯定还会在诸如爱护还是历练、权威还是平视、快乐还是成长这类经典的父与子矛盾中争吵或冷战。事实上，这些都不重要，因为在更大的尺度里，你们都是幼稚的。重要的是，你要知道，他渴望帮助你找到真正需要带去未来的东西而不是成为你的阻碍。

2023年12月

作者系媒体人

重要的是保持探索的勇气

饶子和

亲爱的读者：

收到《经济观察报》的邀请，很高兴和大家聊一聊人工智能时代这个话题。

科学技术是人类进步的阶梯，是打开未来之门的钥匙。以“时代”加冕科学技术，饱含着人类对未来的憧憬。正如蒸汽机时代、电气时代、信息时代，都在人类认识和改造世界的历史进程中产生了极为深远的影响。

我是从事生命科学和医药领域研究的，对计算机科学算是个“门外汉”，最早了解到人工智能还是在DeepBlue（深兰科技）、AlphaGo（阿尔法狗）和人类的棋类比赛。当我们感慨于人工智能在计算和分析能力上对人类的超越时，人工智能时代已经悄然从科幻走进现实。自主运行的智能电器已经成为我们家庭生活中的一部分，接收语音指令的智能助理已经开始为我们的工作带来效率的提升。我们日常购物“刷脸”支付，乘火车“刷脸”进站，进家门“刷脸”解锁，有享受便捷生活的欣喜，也有生物信息泄露风险的担忧。无论怎样，以人工智能为代表的数字科技实实在在地嵌入日常生活中，深刻改变着人类的社会生活。

我时常在思考，“规则内”和“规则外”也许是发挥人工智能优势的分水岭。如果说下棋和数字科技应用是人工智能体现其在“规则内”无与伦比的计算和分析能力的最佳场景，更出乎我们意料的是，人工智能快速进入科学研究的诸多领域，在“探索未知”这个本应是人类的优势场景中不断改变着科学研究的范式。“规则内”和“规则外”的界限开始变得模糊。

2021年，人工智能凭借AlphaFold（人工智能模型）对蛋白质三维结构的预测，荣登《科学》杂志年度十大科学突破。随后的“AI for Science”（科学智能）、“AI for Engineer”（工程仿真智能）、“AI for Medical”（人工智能与医疗）等也都对诸多领域的传统科研范式提出了挑战。

我是一名生物物理与结构生物学者，以前人们说，21世纪是生物的世纪，现在则说，21世纪是人工智能的世纪。AlphaFold预测了世界上已知的所有蛋白质结构（虽然对其准确程度还多有争论），所以有种声音说，结构生物学家就要失业了。我们人类努力了几十年，迄今只测出了十几万种蛋白质结构。AlphaFold预测了2亿多种蛋白质的结构。前几年，大家讨论说，一些从事简单操作的工人会被机器人取代。现在看来，遇到挑战的职业还很多，包括科学家。

当然，科学家最喜欢创新。面对人工智能，我一向是持拥抱的态度。新技术和新方法是推动生命科学研究的重要驱动力，中国科学家涉足人工智能相关领域的工作也是比较早的。20世纪七八十年代，中科院上海生物化学研究所的前辈科学家徐京华先生就在从事大规模神经网络非线性动力学的研究，以及蛋白质结构预测的初步探索。谭铁牛院士也在人工智能和计算机视觉、模式识别等交叉领域做了很多重要工作。我和谭铁牛院士在英国求学时期就有交往，对他的工作有一定了解。2021年8月22日，我和黄卫院士（时任科技部副部长）、贺福初院士、蒋华良院士、许瑞明研究员、许文青教授等共同组织召开了主题为"人工智能与结构生物学"的第S63次香山科学会议。会议邀请了包括哈佛大学医学院王家槐教授，中国科学技术大学生命科学学院施蕴渝院士、牛立文教授，国家自然科学基金委副主任张学敏院士，华盛顿大学David Baker教授，西湖大学施一公院士，清华大学隋森芳院士、王宏伟教授、李海涛教授、娄智勇教授，南方科技大学张明杰院士，清华大学/深圳医学科学院颜宁院士（时任普林斯顿大学教授），上海科技大学虞晶怡教授、刘志杰教授、杨海涛教授、王权教授等结构生物学、人工智能和交叉学科国内外20余家单位近60位专家学者及媒体记者参加会议。会议围绕：① 分析人工智能等相关新技术对结构生物学等相关蛋白质科学研究的影响；② 探讨和研判结构生物学的未来发展及其与人工智能等新技术交叉融合的趋势等中心议题进行深入讨论，为我国结构生物学和蛋白质科学的下一阶段发展把握先机。

许文青教授作了题为“Big time for structural biology in the AI era”《人工智能时代下的结构生物学》的主题评述报告。David Baker教授和蒋华良院士分别做了中心议题评述报告；其他14位受邀国内外专家学者也分别做了报告。

会上，各位专家学者分别就利用AI开展新研究范式探索，以及AI所带来的风险与挑战，进行了热烈的讨论，提出要推动布局中国结构生物学与人工智能交叉结合的创新链，为中国结构生物学在人工智能时代还能走在世界前列提供保证。

值得注意的是，在药物研发实践中，人工智能也已逐渐显露出缩短研究周期、节省研发成本、提升实验成功率的能力。2021年，陈凯先院士、蒋华良院士和我一起倡议成立张江AI新药研发联盟，推动人工智能与生物医药“双向赋能”。2023年ChatGPT在全球范围内掀起了人工智能的科技巨浪，可以预见，通用人工智能与科学研究的结合，将给科研的未来带来无限想象和可能。

人工智能时代，科学研究更应该“守正”。人类对自然和未知的探索源于仰望星空，“好奇心”和“想象力”是科学研究最大的驱动力，超越已知、打破“规则”是科学研究的永恒目标。蒸汽机时代的瓦特、电气时代的麦克斯韦、信息时代的香农、人工智能时代的图灵，在引领时代的先驱背后无一不是深度学习版的持续探索。

这个时代的科学工作者，应该让自己更加不可替代，而不是像一个初级工那样，做一些机械的重复劳动，否则就很容易被人工智能所取代。有人把人工智能比作蔓延过来的水流，首先被淹没的是一些简单的工种。我们思考、想象在智慧的天梯上爬得越高，就越不用担心水面淹到自己脚下。“守正”在于永远保持对未知的好奇。“观测—总结—预测”是科学研究的一条根本方法论，从古典物理学到近代物理学，从数理化到天地生，对未知的好奇，带来我们对未知现象的观测，引发了对共性规律的总结，最终形成了科学的理论。对未知的好奇和观测，是人类在人工智能时代最应坚持的。“守正”在于敢于突破已有科学规则的勇气。对未知的探索往往带来对已有科学规则的颠覆。把自己的目标永远定到“规则外”，也应该是科学家在人工智能时代要学会的“扬长避短”。

任何一项技术都有两面性，在人工智能不断推动科学研究的同时，我们也很不幸地注意到其对“好奇心”和“想象力”的负面影响。在实际工作中，有些同学已经开始利用ChatGPT来阅读分析文献甚至撰写论文。未来的科学家是否还具有慎言慎思的明辨、超越自我的勇气和勇往直前的执着？在人工智能时代，如果说人类还需要什么，我想大概是一点朴素的智慧加上一点精神。在不确定性面前，重要的不是什么都准备好，而是保持探索的勇气。我们无需杞人忧天地裹足不前，找准方向，前行的脚步就是我们最大的确定性。我相信未来不是被AI取代，而是不会用AI的人会被会用AI的人取代。

最后，我还想强调一点，我们应该加强对人工智能本身的研究，更多地去探索人工智能深层次的形成机制，而不是简单停留在应用层面。

2023年12月

作者系清华大学教授、中国科学院院士，现任中国科学院学部咨询评议委员会主任

当人类与机器的关系变得紧密

周思益

亲爱的读者：

2023年是通用型人工智能面世的元年，随着ChatGPT的横空出世，生成式人工智能大语言模型开始了爆发式的发展。作为一名学术研究人员和科普工作者，我经常需要查找各种资料。在ChatGPT诞生之前，如果想要在网络上查找资料和所需信息，我通常会选择在浏览器中输入所需内容的关键词，然后在浏览器生成的大量网页中查找所需的信息。这种方式不但费时费力，得到的结果往往也不尽如人意，从而影响工作的效率。

而一众生成式AI大模型带来的最大影响就是极大地提高了检索信息的效率以及准确度。如今我可以直接告诉AI助手所需资料的要求，它就会快速生成所需内容，整个过程简单高效，而且准确度相较于传统网页检索方式要更高，从而间接提升了工作的效率。我用ChatGPT写过科普文章，体验非常好。

我在抖音上拥有一个名为“弦论世界”的科普自媒体帐号。2021年7月25日，我发布了第一条关于“黑洞—中子星合并”的科普短视频，至今已经连续发布了上百条短视频，绝大多数是在科普“弦论”知识（弦论，是理论物理学重要的一环）。有时候，我会通过AI使用网络上一些现成的资料进行“伪原创”。

AI在写短视频文案方面是非常厉害的，我觉得它的文科特别好，特别有文采。它学习了大量的好词好句，有了大量的积累，然后用一定的语法把这些词句组织起来。网上存在着非常多的科普文案，它只要稍加改动，就能成为一篇新的科普文案。如“引力波是爱因斯坦发现的”这句话，AI可以把它改成“爱因斯坦发现了引力波”，它稍微调换主谓宾的顺序或者改变修饰词，再按照“八股文”的套路去写，如研究背景是什么、动机是什么、某个名词怎么解释等，同时也会对一些比较难的词进行解释。

当然必须强调的是，大众化的科普文案尚且可以通过AI去完成，但是我的科普内容很多是一些高精尖的研究领域。这些比较高端的科普，AI没有积累相关学习素材，不可能替我去完成。

我还有一个小目标，除了文案之外，未来我还希望能用AI绘画。我现在已经关注到AI绘画这一方面的内容，也开始尝试用AI画画，初步的体验感是良好的，它可以画出像日漫那种很精致的形象，不足之处就是它在画手时有点不太灵活，有时候会画出六个手指，有时候会画出四个手指。

此外，我还有一个惊喜的发现。过去，如果我想要拥有个人网站或者微信小程序，我要么要去自学专业的编程知识，从而实现目的；我要么雇佣专业的编程人员来实现这一目标。这两种方式，一种耗时费力，一种耗财，而且还不一定能得到想要的结果。随着通用型人工智能的不断发展完善，我现在只需要向AI大模型提出我的需求，它就可以在短短几分钟之内生成我所需要的网站，整个过程极其简单方便，而且自主化程度很高。同时，如果我打算学习编程知识，AI大模型还可以帮助我进行专业的代码调试和纠错。

AI能够替代很多重复劳动，如绘画，它有大量学习的素材可以使用，怎么画手、怎么画人脸，怎么画眼睛、眉毛、鼻子和嘴巴。未来世界随着自动化和智能化的日益普及，传统的劳动模式将面临转变，某些岗位可能会被自动化取代，那些无法获得或不具备适应AI技术的人们可能会面临失业风险。同时，可以被AI或自动化替代的人们，也将面临失业的风险。

但如果你要问哪个行业会被AI取代，我认为我的研究领域会是最后一个被取代的行业。为什么这么讲？我研究的领域是宇宙学，宇宙拥有非常多的未知，而且这个领域的研究具有很强的创新性。我觉得让AI做一些文科工作非常合适。但让它去做数学题或者物理学题，它经常是漏洞百出的。你要让这个机器学习去完成一个关于宇宙学的具有极大创新性的论文，它也是不可能做到的。虽然某些岗位可能会被自动化取代，但同时也会催生出新的就业机会，特别是在AI开发、数据科学和机器学习方面，这也意味着工作职责的改变和新技能需求的出现，这可以看作供需关系改变的一种体现。

对于AI的发展，我还有一些别的看法。AI发展需要大量的数据来进行训练和学习，个人隐私和数据安全将面临巨大挑战。数据泄露、滥用或不当使用可能会带来严重的后果，需要制定更加严密的法律和规定来保护个人数据。

AI发展也将引发一系列伦理和道德问题。AI系统的决策可能缺乏透明性和可解释性，将会引发伦理和道德上的担忧。如何确保AI决策公平、无偏见且符合伦理标准是一个重要的问题。人类与机器的关系将会成为AI技术不断发展中的重大核心问题。人类与机器之间的关系将更加紧密，人们可能面临对人工智能的依赖，以及机器智能与人类智慧之间的界限问题。与此同时，我们还要警惕AI出现自主意识从而引起不必要的麻烦，这将深刻地关系到人类的生存安全问题。科技的发展是一个客观向上的过程，而利用科技的方式是由我们的主观意识决定的。所以，比科技发展更重要的是如何学习利用科技成果，这决定了我们未来世界的发展走向。

2023年12月

作者系网络科普红人、理论物理学博士后，现任重庆大学物理学院副教授、硕士生导师，本文根据其口述整理

进入自由王国

王晋康

亲爱的读者：

如果问起人工智能的发展潜力有多大，我用两句话回答：人类有别于其他动物的唯一区别是我们的智慧（其他道德伦理等都是智慧的次生物）；从长远来说，人工智能肯定全面超越人类智能。至于AI会在哪些领域有很好的应用，一言以蔽之，即需要人类智慧的所有行业。

顺便说一句，我将互联网、搜索引擎、大数据、元宇宙、万物互联等都归入人工智能，可以称之为大人工智能。

当下，以AI为代表的新技术，已经给我的生活带来了极大的改变。过去我写科幻小说，在大量阅读书籍报刊的同时，需要做大量的知识卡片，分类保存，写作时如果记不清某个知识点的细节（比如有关黑色钻石），就需要在卡片中寻找，极其耗时费力。

我第一次在互联网上学会查资料，就是我写科幻短篇《黑钻石》的时候，至今还能回忆起当时的快乐——再不为这些死的知识耗费精力了。还有，我是一个路盲，但自从学会使用电子地图，就进入了自由王国。

从长远来看，未来AI甚至可能取代作家。不过，AI创作小说有一个技术上的障碍——它没有人类作者鲜活的生活体验，而这是一流作家必须具有的素质。那么就衍生出两点预测：第一，它可以创作出出色的AI文学作品，但人类不一定理解；第二，AI只有在作为个体生活在人类社会之后，才能创作出一流的能被人类理解的文学作品。

我应该是国内最早关注人工智能的人之一，1993年的科幻处女作《亚当回归》就是人工智能题材。

1997年，我在科幻电影剧本《生命之歌》中写了在围棋领域，AI战胜人类棋王；同年写的《七重外壳》中描写了今天称作元宇宙的场景，这些在今天已经变为现实。

我在《亚当回归》中写了人脑植入芯片技术，但由于第二智能发展迅猛，人类实际被AI寄生；在《生命之歌》中预言了有生存欲望的机器人；在《养蜂人》中预言了依靠互联网统合亿万智能单元并通过自我进化产生意识的整体智慧。当然，这些都还有待验证。

目前的AI还只是弱人工智能，ChatGPT迈过了强人工智能的门槛。如果出现强人工智能，等同于人类学会用火、人类从树上走下来的革命性事件。

我曾写过一本科幻小说《临界》，小说中引用了一位美国科学家的观点：任何事物如果发展到临界状态（比如岩层应力累积到某个程度）就必然会“地震”，但对于何时地震无法做出临震预报，理论上也不可能。我大致相信这个观点，所以只能说，AI的发展已经到了临界状态，但无法做出临震预报。或者300年后，或者300秒后——须知电子生命的自我进化可不需要40亿年。

宇宙所有事物的发展，都是经过长期的线性发展之后，必然出现陡峭的阶跃。阶跃前后的逻辑是断裂的，不能依据科学理性，用阶跃前的事实对阶跃后的前景做出科学预测，理论上也不行。正如你不能用物理化学规律来预测生物规律，不能用神经元的知识来预言爱因斯坦的思维活动。“人工智能全面超过人类”比上述阶跃陡峭万千倍，所以没人能预测这个阶跃之后的事情。我只能说，二者共生的概率最大，或者这是我们最期望的结果。

如果单就智力本身做优势对比的话，很遗憾，人类没有优势，这是进化留给我们的先天缺陷：神经元传导速度慢、容量有限、属于分散式智能单元，互相之间的信息传递非常低效，人类个体寿命有限等。当然从另一方面说，缺陷如此多的人类智能竟然也发展出如此绚丽的集体智慧，值得我们自豪。

但有时候我对人类的未来难免悲观，人有自由意志，而人类作为整体来说没有自由意志。在为AI的发展感到忧心时，我们不如先做一件相对来说比较容易的事：消灭人类各族群（国家）之间的战争和暴力。要知道，战争和暴力，那是所有人，至少是人类精英们都厌恶的东西。它害人害己，只要有起码的文明社会理性，就不会容忍它。但现实呢？看看欧洲和中东吧。

如果问如何发展人类自身的优势，我想一是重视我们如此庞大的上层建筑存量，包括文化、艺术、体育、音乐、道德、伦理、哲学、数学等，那是万年人类文明史甚至百万年人类进化史所留下的宝贵积淀，我相信AI文明也要在这片丰厚土壤上扎根。二是人类的“感性”，由我们的生活经历，由我们体内各种激素所决定的感性。

纵然感性归根结底也没什么神秘，只是进化留给我们基因中的固定程序，但它仍是一个宝库。比如说，AI可以在围棋这种“理性活动”中轻易碾压人类，但AI要在感情细腻的文学作品中碾压人类，还是比较遥远的事。

至于怎样规范AI的发展，人类肯定要保持警惕提前预防，虽然这种预防很可能起不到作用。

站在人工智能时代的门槛之上，最后我想说的是，我们对未来既不悲观，也不要盲目乐观，而是达观地看世界，看人生——而且最好把天平尽量地向“乐观”这边移动一点。

2023年12月

作者系知名科幻作家、高级工程师，本文根据其口述整理

AI或许无形无质

海　漄

亲爱的读者：

有一位朋友问我，如何看待“科幻是科技的前沿，大概30～50年”这个说法？

在我看来，实际上，前沿科学的发展已经超越了我们的想象力，科学家的想象力并不比科幻作家差。在以往的科幻作品中，AI常常是以非常具体的形象出现，而当AI时代真正到来后，我们会发现它可能只是一段程序，以某种无形无质的状态渗透到我们的生活和工作中。

我相信这个趋势在未来会更加明显。AI时代中，我们的一切活动都与之相关，但这种影响是潜移默化的，也许我们不知不觉中受到了它的控制，但我们自己却察觉不了任何异常。

在我所从事的金融领域工作中，客户画像、风险把控等以往高度依赖人工判断的环节正逐渐被各类模型所取代。毫无疑问，它们更理性，效率也更高。所以，在可以预见的未来，AI技术的发展对金融行业的正面作用是巨大的。

但值得注意的是，AI基于数据运行，那如何保证数据的客观和全面呢？这或许是AI的死穴，也是我们暂时无法被取代的地方。

网络上流传着一段关于郭帆导演讨论人工智能的访谈截图。他对主持人说，现在对人工智能的态度比以前好了很多：以前一开始的时候，用GPT是命令式的，比如“你赶紧给我写一个什么出来”，写完后也会骂它“你看你给我写的啥”，然后会收到GPT态度很好的“对不起”以及重新修改的内容。最近，他改变了，会对GPT说“请、麻烦、辛苦、感谢”这样的词，原因是想“给自己留条后路”。

这让我想起，曾有科幻作家认为未来应赋予机器人平等的权利。当它们从事陪护等工作时我们需要它们具备“人性”。但如果，这台机器人从事的是危险采矿这类工作呢，它有权拒绝么？答案或许是，我们通过在开发AI时建立“分级制度”，并不赋予这类AI以“人性”。

亲爱的读者朋友，技术的发展是无法阻挡的洪流，正如原始人在森林火灾中保留的火种，这或许是人类文明史上最伟大的发明。直到今天，我们还会因为它的失控蒙受损失，但我们已经不可能再回到那个茹毛饮血的时代去了。

面对席卷而来的AI时代，我们拥抱和顺应它就好了。

2023年12月

作者系科幻作家，本文根据其口述整理

致2030年的蔡磊

蔡　磊

亲爱的2030年的蔡磊：

你好！此刻的我正站在2023年岁末的门槛上，回顾过去一年以来的工作和生活。

我在这个时刻给你——未来的我——写下这封信，它是我对人工智能技术的展望和思考，也是对未来社会的整体展望。

我希望在你所在的时代，AI已经在医学研究中取得了显著进展，而渐冻症也已在AI的帮助下被彻底攻克。

挑战渐冻症，在当下可以说是不可能完成的任务。因为自第一例渐冻症被人类发现和描述的近200年来，渐冻症的治疗没有重大突破，目前依然病因不明、靶点不清，没有任何药物和办法能够阻止病情的发展，治愈率为零，患者平均2～5年走向死亡。

前些时候，我和团队在很短的时间内读完了关于渐冻症的3万多篇科研论文，没有找到答案。因此，我决定扩大研究范围，将神经退行性疾病、免疫学、细胞学、基因等相关的课题都囊括进来。目前科学界已经在这些领域积累了大量的论文和研究数据，但挑战在于如何有效整合和理解这些信息。

AI技术的不断升级给科研的突破带来了新的希望。我和团队过去每天研究总结1000篇左右的科研论文数据，而最近，我们开始利用AI算法辅助分析论文，达到了每天1万篇的处理速度，目前正朝着2000万篇的目标去努力，希望通过AI工具深入分析这些复杂的科研数据，尽快辅助科研人员识别新的生物标志物、药物靶点、代谢通路等，加速科学家对这些疾病的理解。

在制药领域，我怀揣着特别的期望，希望AI能在药物的研发和设计过程中发挥巨大的作用，使得新药的发现和临床试验的过程大大加速。也许在AI的帮助下，我们可以突破神经退行性疾病无法进行活体病理分析的局限，模拟疾病的生物机制，用数据和算法的方式实现药物云端测试，更快地、更精准地设计针对疾病的治疗方案。

希望2030年的你，病情已得到控制并且逆转。而AI赋能的可穿戴设备，也使你重获和正常人无差的生活体验，可以为攻克其他疑难病继续奋斗。

希望AI技术已经帮助渐冻症患者开发出先进的辅助设备，提供部分替代性功能，比如可以由思维控制的轮椅、脑机通信设备，还有辅助呼吸和吞咽的设备，帮助我们提升生活质量、延长生存期限。

除了在医疗领域的突破以外，我希望AI已经在社会的许多方面发挥积极的作用，能够将人类从日常繁琐且缺乏创造性的重复性工作中解放出来，让人们能够将精力投入更有创造性、更富有成就感的工作中去。我期待一个利用AI技术高效运转的社会，人们既可以充分追求理想，也有更多的时间去享受和体验生活的丰富多彩。

我希望未来的世界是一个充满创新和创意的地方，其中充满想象力的儿童和年轻人能够尽早开始利用他们的创造力来改变世界。在这个世界中，AI不仅是工具，也是激发创意和实现想法的催化剂。我梦想着未来的教育更加注重培养创新思维和解决问题的能力，而AI技术在这一过程中将发挥关键作用。

无论AI技术发展到何种程度，我们作为人类的核心价值观——同情、创造力和好奇心——始终是不可或缺的。我希望未来的你和所有人都能够在这个由AI技术深度影响的世界中，实现自我的价值，获得长久的幸福和满足。

祝你一切顺利。

此致

2023年12月

作者系知名渐冻症公益人

请做你自己

吴　声

亲爱的读者：

您好！

“AI时代”长期都是如临奇点的命题。最近一年多，与很多研究者一样，我和团队也在走访、对话和亲身感受中，理解、叙述这场正在发生的“涌现”——在旧周期结束和新周期开始之际，它究竟处于何种刻度位置。我愿意在2023年底，以这样一封信，陈述这一年来的种种发现与思索，作为AI时代的某种个人意见。

2022年下半年开始，AIGC（生成式人工智能）越过NFT（非同质化通证）、元宇宙、虚拟人，成为技术与商业的舆论新变量，引发行业大探讨。直到11月底，ChatGPT发布。随之而来的一系列迭代引发震荡，“千模竞渡”持续至今。那些繁花似锦不再赘述，一轮“新物种”涌现仍在眼前。

当时我的第一感觉，是梁永安教授的《梁永安：阅读、游历和爱情》中让人印象深刻的一句话。他说："爱，不思考。我们想得太多就失去生活，抓住那一瞬，我们才有永恒。"每个人对于生活的理解似乎大相径庭。AI时代的内容与商业，正在孕育怎样一个史无前例的规则？

很多企业和媒体开始询问我们的看法，我们自己也在寻求一个更清晰的视角与定义。2023年3月，在长江商学院授课时，我抛出两个有关AIGC的"关键提问"，想验证其作为工具的底层逻辑：问题一，是AI生成内容（content）还是AI创造场景（context）。需要理解AIGC生成的内容是基于场景的氛围、语境，比人们看到的"结果导向的结论"更加重要。问题二，是"AI技术"生产内容还是"AI场景"生产内容，即是技术本身还是"技术构建的场景"在生产内容。

这时候你会发现，2023年讨论AIGC，与2015年谈论context（场景）何其相似。如马克·吐温所说："历史不会重演，但有其韵律。"理解AIGC作为一个解决方案不是终极目的，而是要回到商业的重要原点：通过解决方案式的"场景化思维"，不断地和用户形成连接与激发。

不要只惊叹新技术，我们更要关心"技术如何驱动更加精准的场景建模"，以在真实情境和商业原点中解决最具体的问题。ChatGPT的胜出在于具备"具体情境"与"过往对话"的联系。

AIGC本质是海量数据之上的涌现，但我更愿意把它定义为“新场景”的涌现。它对风格的理解、内容的判断、认知的交互，让内容、艺术、科技、商业回归公平，以更加恰如其分的姿态理解其今天的职能。

有人认为这仅仅是生成内容，却不能认识到这是“范式转移”。我们总是低估它10年的变化，却高估它2～3年的变化。所以岁末年初，我们的确感受到，一旦消除大模型幻觉，AIGC更应该是AIGS（service），适老陪伴、生命医疗、智慧交通、全景旅行，体验驱动的服务效率会因为智能效率，极大地拓展全社会的认知边界和个体福祉。“凡夫畏果，菩萨畏因”，今天我们都是凡夫。ChatGPT即便是大事件，也不过是历史长河中的小浪花。线性增长机制与摩尔定律都在失效，而基于场景创建的语境、氛围、风格比结果导向的结论更重要。

一切都在变，但不用觉得瞬息万变。AI的命题还在于“始终于人”。人是最大的差异化，也意味着人需要相互促进。当围绕最具体的人展开时，即便人是“数字人”，因为有了数字身份的装扮和需求，便可称之为“数字时尚”。而身份切片的多元化，也提出了全新的AI价值观思考——新世代的数字伦理怎样从隐私保护和数据安全进化到社交重塑与身份安全，甄别的被动性会不会在深度学习后成为新的数据主动性？

这里蕴含的商业启迪是，越分享越获得、越连接越获取、越协同越增量。为全球输出和提供全新范式，代表数字时代的优质生活，也是数字时代的美好生活。关于零售、策展、空间、美学，需思考模式创新怎样与技术创新“互为表里”。要擅长凭借自身生态位形成连接，也要擅长在主动分享中创造新价值。

2023年8月，到了我的“新物种爆炸”年度演讲，我们把2023年的主题定为“对话时代”。我觉得，这是ChatGPT给当下乃至更长周期的精神启示。品牌们从宏观叙事转向一种“深入、平等、在场”的对话新姿态：建设对话界面，发明你自己。像GPT一样更加精确提示词，聚焦具体场景，学习建设“对话界面”：理解眼前面对什么样的品牌、什么样的创新者、什么样的用户。

这几乎要成为未来商业的生存哲学——又何尝不是“生存美学”？因为今天，对话比连接更重要。哪怕是一种匍匐的姿态，也要摒弃粗颗粒度，去探寻用户价值的“真”。进一寸有一寸的欢喜。

就在12月，《自然》杂志公布了“2023年度十大科学人物”，ChatGPT也作为“人物”之一上榜。奥斯汀·王尔德曾说，“做你自己，因为别人都有人做了”。我想说的是，请做你自己，因为别人都有AI去扮演了。这一年观念的冒险，也应该是重新出发后的生机涌现。所以最后，我理解《时代》杂志为什么把年度人物颁给歌手泰勒·斯威夫特，似乎在涌现之年，我们有更深的倔强。创造力、真实的魅力人格，才是人类遥寄霜冷长河的终极救赎，毕竟相信智能，究竟相信智慧。独特性永远是大模型时代的生存之道。

2023年12月

作者系场景实验室创始人、场景方法论提出者

AGI的里程碑

简仁贤

亲爱的读者：

您好！

我是竹间智能的创始人简仁贤。我希望能够通过这封信，与您分享我在AI领域的经历和见解。

回顾我的职业生涯，从微软（亚洲）互联网工程院副院长到竹间智能的创始人，我始终致力于将人工智能技术应用于实际问题的解决上。在微软期间，我领导开发了第一代人工智能语音助理——小娜（Cortana）。那时，我深刻地意识到技术不只是理论上的探索，更是需要落地于市场和消费者需求的实践。

自2015年成立竹间智能以来，我和我的团队致力于打造"1+4"大模型体系，其中"1"代表我们的核心大模型训练调优平台EmotiBrain，"4"则是我们在对话、对练培训、写作助手和知识管理四个应用领域的成熟产品。

这一路走来，我深刻体会到人工智能的发展并非一帆风顺。面对技术迭代的挑战，我们时刻提醒自己，要敏锐捕捉市场变化，不断调整和优化产品，以满足不断变化的市场需求。

在人工智能的发展中，我们面临三大主要门槛。首先是高昂的研发成本，特别是对于大型企业，涉及算法工程师、数据科学家等专业人员的投入以及技术与业务的整合；其次是对行业专业知识和数据的需求，这些是AI技术发挥作用的基础；最后是持续地迭代和验证过程，这是一个基于数学模拟人类智能的不断学习和进步的过程。

在技术验证方面，自然语言处理（NLP）需要一个跨行业的解决方案，能够理解和应对各种行业的语义问题。这需要头部企业进行广泛的验证，因为它们拥有最复杂的业务和场景。通过这样的验证，可以确保技术的可靠性和普遍适用性。

为了克服这些挑战，我们倡导的是“Affordable AI”，即经济可承受的人工智能，通过简化和普及AI技术，使之成为企业和个人手中的得力工具。它的目标是让所有规模的企业，甚至是中小企业，都能够轻松地接触和使用AI技术，而无需庞大的IT研发投资。这样的AI应该是无形的，融入日常业务中，使企业能够在更低的成本和更简便的方式下实现AI的应用和落地。

将AI工具化，让其像常规工具一样易于获取和使用，这不仅降低了成本，也使得企业能够轻松地部署和维护这些技术。这种方向是为了让大型语言模型更加普及，使其不仅限于大企业，而是在所有层面上实现普及。通过这种方式，我们希望能够弥补大型模型与用户之间的差距，让人工智能真正成为每个人日常生活的一部分。

在商业应用方面，我认为B端（企业客户）是大型语言模型实现商业成功的关键领域。尽管C端市场（消费者市场）对AI应用展现出极大的兴趣，但在盈利方面面临着显著的挑战，特别是在中国市场，用户的付费意愿并不高，这使得在C端市场获得商业成功变得更加困难。

OpenAI的例子表明，尽管其GPT模型在全球范围内极为流行，但要实现商业盈利仍然是一个长期过程。这种情况在中国市场尤为明显，尽管大模型技术迅速发展，但C端市场的盈利潜力仍然受限。

在B端市场，大型模型的应用前景更加乐观。企业更愿意为高效、创新的AI解决方案付费，这为AI技术提供了更为广阔的应用和商业化空间。我相信，未来几年，将会出现更多创新的AI应用，这些应用可能不是来自传统的科技巨头，而是来自新兴的、创新驱动的公司。

随着技术的发展和应用的深化，未来5年将会见证互联网生态的巨大变革，这种变革不仅会影响我们的生活方式，也会塑造新的市场领导者，这些领导者很可能是目前我们尚未预见的新兴公司。

我认为，人工智能的未来将是通用人工智能（Artifical General Intelligence，AGI）的时代。

未来的AI模型可能不再需要为特定行业定制，而是通过强大、通用的基础模型来执行跨行业任务，比如OpenAI开发的GPT-4或未来的GPT-5，这将标志着AI领域的重大转变，一个模型能够满足多个行业的需求，提高效率，降低成本。例如，一个模型可能同时处理金融分析、医疗诊断和法律咨询等多个领域。此外，AGI的发展将使小型企业和个人开发者能够使用强大的AI工具，创造新的应用。

我相信在未来5到10年内，人类将达到AGI的里程碑。

关于大型语言模型的伦理问题，这是一个复杂的话题，涉及不同的文化、教育背景、宗教信仰和政府政策。例如，中国人的伦理观可能与阿拉伯或西班牙的伦理观有所不同，因此，在应用这些模型时，必须考虑到这些文化差异，并对模型进行适当的调整和微调，以确保它们符合特定文化和价值观的标准。

此外，数据隐私和版权保护问题也是大模型应用中的关键议题。这些问题的核心并不在于模型本身，而在于企业和组织的道德规范以及法律制度的健全。为了应对这些挑战，需要业界、学术界和政府机构的共同努力，共同制定合理的伦理标准和监管框架。

这样的合作可以确保大模型不会涉及或泄露个人隐私信息，并避免使用具有版权的数据，通过这种方式，可以在保护个人隐私和知识产权的同时，有效地利用大型语言模型的优势。

对于正进入AI行业或有意从事这一领域的年轻人，我的建议是越早动手越好，早点开始尝试。

首先，尽可能多地尝试使用各种开源软件，大胆地利用这些工具。

在你的工作中，问问自己，是否有至少30%的工作是通过AI工具完成的。如果没有达到这个比例，你可能还不算是一个真正的AI从业者。我自己在文档写作和编程时，就经常利用大模型。

如果不尽快开始拥抱AI，你可能很快会被淘汰。例如，在创意行业，随着大量文生图AI应用的普及，传统的原画师和视觉设计师的岗位需求正在减少。又比如，现在，即便是非专业写手，也能通过AI工具和精心设计的提示词，创作出比传统内容创作者更优质的文章。

其他人将这30%的时间节省出来，可以去学习更多的东西，而如果你没有这样的时间，你就要落后了。

未来3年，这样的趋势还会进一步加速，所以，AI时代下的每一个人都需要先问自己：你在多大程度上利用了AI作为工具，是否能够将一部分重复性工作，通过AI工具节省出来。

了解AI，拥抱AI，不要惧怕AI，深入地理解它，全面地使用它。

2023年12月

作者系竹间智能科技（上海）有限公司创始人，

本文根据其口述整理

感受光的力量

牛新庄

致时代中的你我：

见字如晤，旷若复面。

2023年之于时代，是科技新纪元的开启之年，ChatGPT的横空出世引燃人工智能战火；2023年之于中国，是全面贯彻党的二十大精神的开局之年，拨开了疫情的阴霾，全力推动高水平科技自立自强；2023年之于你我，是梦想照进现实的一年，我们沉浸在数字人的贴心交互中，畅游在5G的高速网络中，徜徉在虚拟现实的体验中。

科技的力量就像时代的一缕缕曙光。它在闪耀，让我们看见一个个“不一样”和“不可能”；它在集聚，每一个小小的突破汇聚在一起就能成就一个时代的跃变；它在普照，带来了更幸福的生活，实现了更美好的梦想。

向光而生

科技点燃了诸多行业的新生。

一块智能手表改变了医疗体验，成为我们的贴身护士，监测心率、记录运动、监督睡眠，无比贴心。物联网将物理世界与数字世界连接起来，呼叫小度、小爱就能轻松操控家电、调节温度、播放音乐，无所不能。AI和传感技术带来了自动驾驶，提高驾车安全、智能规划路线、方便物流配送，无限可能。世界上诞生了第一位AI律师，可以免费为大众追讨退款、处理纠纷甚至提起诉讼。世界上诞生了第一位AI医生，更全更快地帮助病人分析体征、寻找病例甚至诊断病情。世界上诞生了第一位AI教师，根据学生个性需求提供各异的辅导方式、练习题目甚至虚拟实验。

追光而遇

科技改变了金融服务的逻辑。

作为一名金融从业者，我十分幸运地真切感受着中国银行业几十年的更迭和变化。如今的金融服务是无形的，银行不再是某个街边的地点，而是手机里的APP，金融已成为打破时空的陪伴。如今的金融服务是无界的，产品不是一个个晦涩的名词，而是在你购物时及时出现的线上支付，是你经营中按需出现的融资询问，金融已与日常生活、生产融为一体。如今的金融是无忧的，大数据帮我们更了解客户，为每位客户提供定制化的服务方案和投资建议；机器学习、图计算实现了自动化的风险评估和智能决策。

邮政储蓄银行经历了16年的岁月流淌，一步一个脚印稳扎稳打、勇于突破，坚持把创新刻入基因。我们历时3年，重构新一代个人业务分布式核心系统，实现6.5亿个人客户、18亿账户的在线无感迁移，完成中国银行业金融科技关键技术自主可控的重大实践。我们构建了集机器学习、知识图谱、生物识别、智慧物联等于一体的人工智能平台“邮储大脑”，为全行业务创新提供了强大的能力支撑。这样的探索尝试还有许多，还在路上。

放眼历史长河，唯有乘时顺势应变，积极拥抱变革、洞悉市场、先行一步，才能在变迁更迭中屹立不倒。十六载春秋，十六载冬夏，邮储银行坚持与时代发展同频共振，站在时代潮头，书写时代故事。路虽远，行则将至；事虽难，做则必成。

沐光而行

科技期待着更加美好的未来。

日新月异的技术升级和一日千里的生活变化带来了繁华满目，沐光而行中我们依然还要不断思考。

科技向善，以人为本。我们要思考科技的伦理，我们要思考科技的方向，我们要思考科技的初心。如今的人工智能依然会“一本正经地胡说八道”，依然会威胁信息安全和版权保护……科技的未来还有很多疑问等待人类解答，还有很多问题等待人类解决。我们要确保AI的发展是健康的、持续的、安全的、公平的。我们应尽早规划，让AI在持续的方向上有序前行；我们要加快立法，保证AI在规范的道路上安全行驶；我们要强化管理，让AI在可控的范围内加速跃进。路纵崎岖蜿蜒，但初心不变；路虽纵横交错，但坚定前行。我相信终有一天科技能够与人类达成共知、共认、共情、共助。

未来的AI时代会是什么样子？我也在好奇，我也在期许，我也在等待。AI会不会拥有人类的自我思维，AI会不会拥有人类的充沛情感，我们不得而知。但是我们知道，十年后的我们将会拥有一个更立体更平行的世界、更全能的伙伴。未来的金融服务是知心的，AI记得你的所有喜好，感知你的所有行为，能够为你推荐真正想要、量身定做的产品服务。未来的金融服务是舒心的，AI客服7×24小时永远在线，提供以秒计算的流程处理和精准专业的金融陪伴。未来的金融服务是安心的，AI提供海量数据的实时监控、海量信息的穿透识别，能够抵御每一次欺诈攻击，辅助每一个投资决策。

这是一个崭新的时代，是一个梦想的时代，也是一个最好的时代！让我们纵身一跃，在时代的曙光中尽情起舞吧！

岁末将至，敬颂冬绥！

2023年12月

作者系中国邮政储蓄银行副行长兼首席信息官

我的回答

郭　为

亲爱的读者：

您好！

相信每个人都能感受到，我们正在进入全新的数字文明时代。

从2022年11月ChatGPT-3.5开始，AI热潮引发了一场新的革命。2023年11月，OpenAI举行了首次开发者大会，会上有很多内容让人非常惊艳。尤其让全球开发者兴奋不已的是，通过ChatGPT的“插件系统”，OpenAI正在打造一个基于自然语言的类似“APP store应用生态”的新场景。这意味着，未来或许我们每个人都会有一个AI助理，这位助理不仅能个性化地进行交互，还能提供搜索、订餐、订酒店、交易付费等服务，甚至可以自动生成新的APP，而我们只需要与ChatGPT正常对话就可以将这些实现。这是个很小的切面，但我们已经可以看到无限的想象空间。

可以预见的是，这一轮AI技术革命所带来的，将是一场人类经济生活、社会生活的巨大变革。我们何其有幸，正在见证、参与、推动这个时代的变革。

那么，我们应该怎样融入这场变革？

还记得年初生成式AI技术和大模型刚刚引发热潮的时候，网络上有很多关于各种职业将被AI替代的争论，我也被很多人追问过这个问题。但我始终认为，在AI引领的数字文明时代，个人的创造力与好奇心永远是最根本的事情。数字化、AI能够替代重复性、记忆性的工作，但真正有创造性的工作是永远不可能被替代的。我也曾在《数字化的力量》一书中写道，数字化某种意义上是对人类的解放，让每个人都回归到自己的天然禀赋，无论是画画、写字，还是音乐，数字化让每个人将天然禀赋发挥到极致，而不必做你不喜欢的事情。这其实就是数字化所带来的改变。

在我看来，ChatGPT现象级的火热，更深层次的意义在于让大家切实感受到了数字化的力量，将以往看不见摸不着的抽象技术，具象成了“水和电”，引发我们对数字化的新思考，继而引领更多的创造和可能。

前两年我常听很多人讲，数字化不就是信息化么？也有人说，数字化转型就是上一些新的系统、新的应用。但在我看来，数字化和信息化从本质上来讲是不同的。信息化更多的是强调一种反馈机制来保证效率的提升，而数字化是以数据生产要素为出发点，去实现数字资产的重新编排，直接追求财富的积累、业务的价值。我最早写《数字化的力量》的出发点之一，也是为了帮助大家厘清数字化和信息化的不同。

最近一段时间，我跟许多企业家、数字化先行者们交流时发现，大家普遍形成共识——对于企业而言，数字化战略就是企业的发展战略。在我看来，一个企业的数字化转型，最重要的、最根本的目的就在于不断累积数据资产，同时利用数据资产进行产品与服务的重新编排，从而实现业务创新。未来企业中谁更有竞争力，也取决于其数据资产的累积和对业务创新的激活。熊彼特说，企业战略的本质是创新，是创新产品和服务，也是对原有产品、服务和流程的再编排。因此，在数字时代，企业的服务和产品都将转化成数据资产的表达方式，数据作为生产要素进行重新编排的过程，其实就是企业的创新过程。

在今天这个云原生、数字原生、AI原生三者相融合的新时代，我们之所以对生成式AI技术如此兴奋，很大程度上是因为以“生成式AI”为代表的数字技术，正在成为企业数字化创新的新生产力工具。以往企业的数字化创新，大多是基于自身在生产经营过程中形成的系统数据，以及企业可以从外部获取的另类数据进行分析、研究，进而再产生新的业务，这是一个相当长周期的过程。而今天，基于企业所拥有的系统数据和另类数据，大模型可以自动生成新的知识和数据，这是一件非常了不起的事情。可以想象的是，当我们每秒钟都在产生、贡献新的数据之时，企业的资产累积就可以进入一个“永动机时代”。

在我看来，目前的大模型在企业实际场景落地的过程中，还有一系列问题要解决。比如知识密度的问题。通常情况下，通用大模型只相当于一个高中生的水平，它虽然拥有基本的知识和智商，但不是专才，这就导致其无法在专业领域与大家分享经验。要让生成式AI在专业领域发挥更大的作用，就需要将专业化语言和知识，转化成知识图谱不断训练大模型，提升知识密度，使其成为某个领域的专家。再比如安全的问题。任何企业在私域上有很多的隐私或者加密、保密的东西，如何确保不让这些东西流出？这也需要对大模型进行训练，设置相应的权限等。

为了让生成式AI技术在专业领域发挥更大的作用，在过去的四年里，我们一直致力于行业知识领域的研究。今年10月，我们发布了一站式企业级大模型集成平台——神州问学。这个名字是我起的，其背后借用了“师者，所以传道授业解惑也”。我们把AI当成老师，神州问学就是不断地向大模型提问，来累积企业的知识，用这些专业化的知识构成企业的数据资产，同时帮助企业加速生成式AI的创新、降低AI应用的开发门槛及落地成本。

我们发现，神州问学在企业实际场景应用中，呈现出的效果非常好。以一家跨国医疗设备公司为例，他们在做FDA（U.S. Food and Drug Adminstration，美国食品药品监督管理局）认证的过程中，往往需要与第三方机构多次反复沟通，牵扯大量的人力物力以及时间成本。但在神州问学的支持下，这个时间可以从10个月缩短到1个月。神州问学不仅让AI重新学习所有历史申报材料，完成了大量基础性工作，而且还通过学习监管员的审批偏好，在特定场景下实现了一次性通过。

当然，如果我们站在企业数字化转型更高层次的视角来看，就会发现，虽然在数据资产的累积过程中，知识发现与内容生成是很重要的组成部分，但企业的数字化转型远远不止这些内容。

比如，当企业完成数据累积之后，应该如何管理？今天，数据不仅仅是符号和信息，它已经变成一种资产。但在使用的过程中，我们可能获取的数据价值不同，支付的价格也不同。这就导致数据资产定价和分类的复杂性，因此需要新的数据管理、数据治理的工具。而为了支撑企业的快速创新，我们同样需要一系列不同架构层面的专业工具，以及这些专业工具背后的通用工具箱（GPaaS）和底层的公共资源（IaaS），来共同支撑企业完成重新编排的过程。当然，这个“公共资源”，并不只是传统意义上的公有云。在我看来，公有云是一种商业化方式，就像今天任何一个手机、一辆汽车都可以使用的全球定位系统和移动支付一样，全球定位系统、移动支付这些用云的方式提供服务的公共资源，都是数字化的基础设施。

今天，我们的生活已全然构建于数字之上。云计算、虚拟现实、数字原生、AIGC等不断涌现的新技术，一次次地刷新人们的认知，从底层改造和重塑人们的生活方式、消费习惯、生产关系和商业结构。因此，对企业来说，数字化转型不是“要不要”，而是唯一的出路。任何一个想要保持蓬勃活力、获得长久发展的企业，都必须以数字化谋未来。

数据资产的累积和数据要素重新编排所带来的业务创新，相辅相成、互相促进，最终形成了企业的增长飞轮，使企业获得源源不断的发展动能。企业要通过资产数字化、产业数联、决策数智化、组织无边界化的路径对自身进行彻底的改革。当完成这场变革后，我们会发现，被颠覆的是企业的业务流程、管理方式、组织模式，而被重构的则是企业的价值。在这样的颠覆与重构中，企业将会获得可持续的竞争优势，构筑起一道牢不可破的“护城河”，而生成式AI的出现加速了这一过程。

这是我脑海中构建的企业数字化转型的模型，也是我对AI时代企业创新范式的回答。

1980年，托夫勒的《第三次浪潮》，第一次向人类展示了信息化时代的到来，当时人们如饥似渴地阅读，思考是否可以利用技术革命和信息革命来推动国家进步，并在此基础上衍生出种种对21世纪科技发展的畅想。过往可追，每一次数字技术的变革构成了文明进步的宏大画面。即便站在今天，我们仍很难精准刻画未来数字时代的全貌。但我非常确信，数字时代的大幕才刚刚拉开，当数字构成万物的基底，以AI为代表的数字化变革正在向我们每个人发出邀请和挑战。而我们依然在路上，与大家一道共赴数字山海。

2023年12月

作者系神州数码董事长兼首席执行官

大模型将会无处不在

周鸿祎

致所有行在路上的行业参与者们：

回首2023年，如果选出全球科技领域的一个关键词，相信所有人的答案都和我一样：AI大模型。此刻，大模型掀起的新一轮人工智能热潮方兴未艾，并且随着技术的迭代拥有了更加广阔的想象空间。我坚信，大模型的指数级跃进将引领一场新工业革命，成为未来5～10年生产力提升的核心驱动力。

2023年11月，美国人工智能研究公司OpenAI宫斗大戏进入高潮的那个时间点，我恰巧在美国接触了很多投资人、创业者，强烈感受到美国创业体系、投资体系、大公司体系、传统公司体系四大体系正在全面拥抱AI。美国很多投资人对没有AI概念、没有AI功能、没有AI成分的公司看都不会看，更不用说去投资，这令我大受震撼。

我的直观感受是，美国已经全力以赴开动下一场工业革命了。大模型的发展水平决定着国家生产力水平，中国一定要迎头赶上。

可喜的是，中国大模型产业的发展速度很快，目前已经基本达到了GPT-3.5的水平，这个速度已经是奇迹了。目前中国已经进入“百模大战”，未来还有可能是“万模群舞”，行业一片欣欣向荣。

在这个大背景下，360也当仁不让加入了通用大模型的自研赛道，凭借做AI多年积累的经验和做搜索的优势，我们很快发布了千亿参数大模型“360智脑”，并在很多第三方测评中占据了国产大模型第一梯队的位置。我想，这是我个人和360这家公司在2023年完成的最为重要的工作之一。

我一直有个观点，大模型推动的智能化才是数字化的顶峰。作为工业革命级的生产力工具，如果说未来十年大模型有什么确定性的发展机遇，我认为，首先就是跟国家战略保持一致，助力产业数字化转型到智能化升级。中国的工业门类是全世界最全的，我们在全世界的产业链里占据了很重要的位置，当前国家提出传统产业特别是制造业要实现“数转智改”，这都为大模型应用提供了机遇，大模型未来会成为数字化系统的标配。

受益于开源，如今大模型已经不再像一开始那样神秘和高高在上，我们已经进入了大模型发展的第二阶段，这个阶段的核心是看谁能将大模型的能力和用户场景结合，推出真正具有创新体验的产品。我很认同微软对于大模型的定位——Copliot，也就是副驾驶，帮忙不添乱，不会乱抢方向盘，将大模型与微软的“全家桶”做结合，去提升办公效率。“360智脑”作为首批通过备案的大模型，也将大模型能力与“360全家桶”深度结合，重塑了360的搜索、浏览器等优势产品，上线首周便获得了300万用户超5000万次互动。

我相信，只有不断地坚持科技创新，才能实现中国的产业升级，获得经济的高质量发展。当前，中国正处于抢占新一轮科技革命和产业变革制高点的关键时期，中国企业想要在大模型时代重塑竞争力，就应当发挥创新的主体作用和企业家精神。

大模型这把“双刃剑”作为人类有史以来发明的最伟大的工具，比以往任何的技术都要锋利，它的出现也使得AI安全变得前所未有的重要。这对安全行业而言，是机遇更是挑战。

360当初进入安全领域，一个重要原因是希望创新者不要“因噎废食”，新技术都有其无法预知的安全隐患，做安全的目的不是为了制约发展，而是针对不安全的因素各个击破，让人们更放心地拥抱技术。这也是360躬身入局做大模型的原因。

安全有可能成为大模型未来竞争中的关键指标，然而解决大模型安全问题一定要在技术上有所突破，单靠大模型企业自觉自律还不够，需要360这类兼具安全和AI属性的公司潜心研究，寻找解决方案。实践中，我们已经累计帮助谷歌、META、百度等厂商修复AI框架漏洞200余个，影响全球超过40亿终端设备。

我将大模型安全分为短期、中期、长期三个阶段，短期主要是大模型技术自身的安全，比如网络安全、数据安全，这是360现阶段就能解决的问题；中期主要是内容安全问题，这主要来自对大模型的恶意应用，比如大模型所特有的提示注入攻击；长期问题就是随着大模型的强大，逐渐产生意识后带来的安全可控问题，我认为现在还无需担心。

针对以上安全风险，我们也展开了系统性的探索，并提出了“安全、向善、可信、可控”四原则。不仅在此基础上进行“360智脑”的研发，还探索出了一套相对完整的大模型安全方案，包括训练风控模型、大模型靶场来解决内容安全问题，以及在Agent（代理）框架设置安全约束，让大模型坚持“副驾驶”模式，把大模型“关进笼子里”。这些安全能力都能以外挂式的“大模型安全管家”形式对外赋能，助力大模型产业平稳健康发展。

未来已来，大模型会变得无处不在，企业、政府、城市，以至于每个人未来都会拥有专有的大模型，每个组织和个体都要拥抱人工智能时代的到来，大模型不会淘汰任何人，唯有会用大模型的人去淘汰不会用大模型的人。

2023年12月

作者系360公司创始人

验证全新生活可行性

李镇宇

挑战中的我们：

2023年12月16日，“李白跑地球”结束了第二季的挑战，由8个没有跑过步的普通人组成的团队，用时300天，穿越了北京、河北、山西、内蒙古、宁夏、甘肃、陕西、四川、重庆、贵州、云南、广西、广东、福建、浙江、上海等16个省区市，不间断奔跑了20000公里，结束了属于他们的挑战。

于队员们而言，这是他们人生中一次里程碑式的经历。队员谢冰大学毕业30年来从未运动过，他在路上从只能艰难跑一公里，现在能用时430（4小时30分）的成绩完成全马；队员杜海宽从只能艰难慢走一公里，现在轻松完成半马，同时体重从210斤减到170斤。还有更多的队员，从来没有住过帐篷，到爱上露营生活，对他们而言，这更是一次关于改变的挑战。

于我而言，这不仅仅是一次关于体育、关于改变的挑战，更是一次“移动生活实验”！这300天，我们的生命状态，和常人有本质不同，我们每天的生活空间在移动，睡觉的地方不一样，吃饭的地方不一样，跑过的路不一样，风景不一样，在变化中，在移动中生活，我们的生活会是什么样的呢？很苦？很不方便？很没有情趣？

中途，我们制作了一个小片子，其中文案我是这样写的："是不是因为我们看见了，于是，世界就成了我们看见的那样？是不是我们现在的生活一直是这样的，生活就被定义成了美好。是不是？是不是？带着这些是不是，我们出发了，我曾睡在沙漠里，曾睡在雪山之巅，也曾睡在油菜花海里。当我们奔跑过无数山川河流、穿越过无数人群，切实感受到世界之大后，我才想明白，我想要的不是答案，而是真实的体验，去真实感受不同的生命状态，去体验不同的生活方式。"

是的，只有真实地、长时间地在路上了，才会真的知道：原来，生活真的不只眼前的苟且，而是有更多可能。生活不应只是两点一线或者三点一线，不是从一个笼子里再到另外一个笼子里的固定模式，生活是可以移动的，是可以完全融入大自然里的，让你充满快乐和自由感地活着，而这些全新生活可能的背后，需要科技及相对应的产品来支撑。

比如汽车，对于我们来说，具有至关重要的价值和作用。回想曾经的燃油车时代，汽车往往被大家定义为帮助人和货物从A点到B点位移过程中创造价值的工具。基于这种定义，乘用车满足了广大用户的“出行”要求。移动出行的场景更多是由用户、用途、距离、路况、环境、工况等因素构成。车辆行驶的环境决定了场景大部分的演化趋势。

如今，随着燃油驱动到电驱动的转换，电池容量和充放电效率的不断优化，再叠加以智能化为主线的产品创新，车辆的内涵和外延均被改写。一方面是使用场景不断增加，另一方面是每个场景当中车辆扮演的角色日趋丰富。最终这种变化不仅让汽车被重新定义，人们的生活方式也由单纯的“出行”向“移动生活”迈进。而当我们把传统的生活方式称为“固定生活”时，跑地球也就可以称为“移动生活”了。

同时，“李白跑地球”有了向“移动生活”迁移的技术基础和可能性。科技带来了生活方式的转变，而生活方式又给科技带来了新的发展空间，科技+探索+场景+实验+产品，会不会是科技与人的生活关联的一种新模式呢？

继续以汽车为例，在我们跑地球的路上，在很多真实场景中，从移动出行到移动生活，车上的生活正在诞生更多可能。或许让汽车承接更多的场景，把电影院、KTV、民宿、咖啡厅等奢侈的休闲场景统统收纳到你的车上，是一种更经济更有创意的解决方案。买车不是为了更好地点到点，而是更随心所欲地“穷游”。为这样一部多功能车付出的投资，会替代多种“奢侈消费”开支。原本属于家居环境的场景，正在加速进入车里：车上休息、车上喝咖啡、车上看电影……

这些本应在家里才会有的场景，为什么突然跑到了车上？是一线城市房价高，年轻人的房子小，出租屋没有舒适体面的家具？或者是重复在家里做这些事情太无聊，太乏味？抑或是不想被其他家人打扰？

从“李白跑地球”到“移动生活实验”，就是要验证这些可能性是否具有可行性。

比如，我们在路上，完全实现了咖啡自由，其实是实现了喝咖啡的场景自由，我们在腾格里沙漠享受着来自埃塞俄比亚的咖啡豆，我们在三亚的海滩享受着青峰同学为我们特调的意大利混豆，我们在若尔盖大草原、在梅里雪山、在大理洱海、在黄果树瀑布……享用着来自世界各地的咖啡豆。诸多场景、诸多产品，构成了我们舒适惬意移动生活的咖啡部分。

当城里人在为“为什么要去KTV”思考时，我们在设想，车里唱歌不是更好吗？

当城里人想着要去酒吧宣泄情绪时，我们在想，把车开到湖边，在汽车里不是更好吗？

没有包房费，没有固定时间约束，没有其他干扰，没有环境制约……

以前去一趟KTV，七八个人，扯着嗓子吼上四五个小时，一两千元的花费是必不可少的，不仅要忍受昏暗的包房，还要被高价烟酒和果盘狠宰一顿。关键是，凑齐七八个人越来越困难了，年纪稍微长了几岁，也没那么多精力连吼几个小时了……

前几年很多商场里出现了那种KTV亭子，确实很方便，也很便宜，但钻进去被其他游客当动物看总感觉怪怪的。

偶尔想要唱歌为什么不在自己的车上？

谁能想到，跑地球的我们在跑完一天后，磨一杯自己喜欢的咖啡，打开车门，选好音乐，来一场只属于我们自己的Party（派对）。喜欢的音乐，喜欢的风景，没有人烟也不怕噪声干扰其他人，你可以尽情释放情绪和热情。我们的团队不需要团建，几首卡拉OK，蹦一会儿迪，所有的不快和不适，就随着山谷里传来的回响渐行渐远了。

当城里人在为“又是一个美好蓝天，可我还要把自己困在办公室里”感到痛苦时，我们在想，车上办公有何不可？

写字楼这种格子状的建筑就像一座座囚笼，尤其是在天气晴好，春暖花开的日子里。原本还不这么觉得，这几年居家办公习惯了，腾讯会议、钉钉、飞书、Zoom、Skype之类的也玩得很溜了，如果还被办公室约束着，那是不是太Low（品位低）了？一个好天，在金沙江边，在玉龙雪山脚下，把座椅姿态调整好，电脑支起来，网络连起来，还有支棱上日常携带的露营桌椅，加入腾讯会议，和朋友们畅谈沿途经历，和合作伙伴探讨下一步的行动，人生其实可以有很多新可能！

在移动中圆梦，在旅行中赚钱，在分享足迹中获得更多“一键三连”（点赞、投币、收藏），这些也在变成现实……

整整三年没有出国了，那些B站和小红书里的旅行博主们早已封神。旅行的途中还能赚足流量，有了流量也就有了收入，哪有这种好事？对于大多数普通人而言，即便做不成职业旅行博主，把自己独特的移动生活分享出去，博得几个“一键三连”总还是可以的。

我们在路上，经常遇到在直播的徒步者、骑行者，还有一些旅游博主，生活在路上，生意也在路上。

汽车，成了我们在路上生活的重要工具，而不仅仅是从A点到B点的运输工具，对于我们而言，车已经不是第三空间了，因为我们不是在车上短暂停留而产生的需求和场景，而是移动出行的延伸，是一种“跑步去旅行，生活在路上”的新的生活方式。车对于我们而言，是我们的第四空间，它为我们在车上较长时间停留而设计成的生活基地，是生活方式的载体。

作为第三空间，车辆的传统属性仍占主要比例，空间属性需要妥协于车辆固有的设计规则。在此前提下强化座舱的空间利用率、空间的多样性和空间配套功能的充分性。这是一种渐进式的演化。

作为第四空间，车辆的传统属性是该空间的配套能力，空间属性权重更高，驾驶操作界面的要求、乘员约束系统、风阻控制、被动安全等对空间布置的约束方式可以改变。这是汽车内涵外延的再一次突变。

今年，已经有个别车型，用GPT尝试替代传统的车机，这些GPT在车上的应用，它可以有针对性地对用户的健康、工作等方面的知识和解决方案，做出及时和积极响应，为用户答疑解惑和解决问题。那么，GPT对移动生活会带来什么便利？产生什么影响？

同时，我们在路上，衣食住行，都是必不可少的。我们是不是有可能，利用汽车的一些功能，随时制作出世界各地的美食，来滋润自己的胃和味蕾？因为经常变化场景，温度、湿度、噪声、天气的干扰，都会严重影响我们的睡眠质量，从而影响队员们的挑战，有没有什么新的技术或产品可以让移动中的我们、挑战中的我们，可以每天睡个好觉？

生命还有更多可能性，需要去探索、去体验，而技术与新的生活方式，是共生关系，新的技术带来新的生活方式，新的生活方式推进技术的发展和成熟应用。我们会不断验证和迭代“科技+探索+

场景+实验+产品”——这种科技与人的生活关联的一种模式。“李白跑地球”会一直在路上！“移动生活实验室”会一直在路上！

2023年12月

作者系“李白跑地球”发起人、

连线移动生活实验室联合创始人

拥抱科技，但也不能忽视人的因素

吴世春

亲爱的创业者们：

在这个迅速变化的世界里，关于我们共同面对的命题——未来，我想与各位创业者朋友分享一些想法和感悟。

首先，在当下创业环境下，让我们谈谈“心力”。在创业的旅程中，这不仅是一种力量，更是一种信念。创业的道路本就充满了未知和挑战，每一步都可能遇到困难和挫折。但正是这种内心的坚韧和不屈，让我们能够在风雨中站稳脚跟，继续前行。记住，能走到最后的不是最聪明的人，而是最坚韧的人。因此，我们创业之路要拥有强大“心力”，这是基底。

在这个充满不确定性的时代，创业不只是一场商业的竞赛，它更像是一次心灵的历练。每一次的失败，都是对我们意志力的考验。我们需要学会在失败中寻找教训，在挫折中找到成长的机会。每个创业者的心中，都应该有一个坚不可摧的信念——无论遇到什么样的困难，我们都要坚持自己的梦想。这种心力不仅会帮助我们克服外在的挑战，更能帮助我们在内心深处找到持久的动力。心力是创业路上不可或缺的。我们必须培养一颗强大的内心，以应对各种挑战。在困难面前，我们不仅要坚持不懈，还要保持乐观和积极的心态。

其次，我们要“心态积极”。在这个瞬息万变的时代，保持积极的心态比任何时候都重要。世界在变，我们也要变。抱怨从来不是解决问题的方法，我们要做的是跑赢同行，不断提升自己，从而在激烈的竞争中脱颖而出。记住，唯有积极的心态，才能引领我们走向更宽广的天地，在有限的空间内学会腾挪。

积极的心态并不意味着盲目乐观，而是在面对困难和挑战时，能够保持清醒的头脑和不屈的精神。在这个信息爆炸的时代，新的技术和理念层出不穷，我们需要的不仅仅是对新事物的接受，更重要的是能够在变化中找到适合自己的定位。我们要敢于尝试，敢于失败，但更重要的是在失败中吸取教训，不断调整自己的策略和方向。积极的心态是一种内在的力量，它能帮助我们在逆境中找到出路，在挑战中看到希望。在现代商业环境中，我们经常看到一些企业因为无法适应市场变化而逐渐衰落。相反，那些能够快速适应、拥抱变化的企业，往往能够在竞争中取得领先优势。

再者，是“持续提升认知”。这不仅需要深厚的专业知识，更需要一种全球化的视野，要沉得下去，也要能看得见未来。这个过程中，我们要不断学习提升认知，在变化中找准自己的生态位。在提升认知中，我们不是盲目地追求十万小时定律，而是要在“难”中求，在具有挑战性的事情上下足功夫深挖。我们需要的是一种持续的好奇心和探索精神，不断地向未知领域挑战，扩展我们的视野和知识库。这种持续的学习和成长，使我们能够在不断变化的市场中保持敏锐和领先。

在认知的提升过程中，我们也需要学会从别人的经验中学习。这不仅包括成功的案例，更包括那些失败的教训。每一个创业者的故事都值得我们倾听和反思。通过分析他们的成功和失败，我们可以更好地规划自己的创业路线，避免重蹈覆辙，更快地实现自己的目标。例如，随着AI和机器学习的迅速发展，许多行业都经历了翻天覆地的变化。那些能够及时认识到这些技术潜力，并有效利用它们的公司，往往能够在市场上取得领先地位。反之，那些忽视或拒绝接受新技术的企业，最终可能会被淘汰。因此，作为创业者，我们必须持续提升自己的认知，紧跟时代步伐。

再谈谈“拥抱科技”。我们必须意识到，科技是当今世界的主导力量。AI的崛起正在重塑我们的生活方式和工作方式。作为创业者，必须理解和拥抱这一趋势，让科技成为我们的助力。记住，未来属于那些能够把握科技脉搏的人。我们要深度理解和拥抱它，与它产生链接。如何做到AI赋能产业可能是当下需要深度思考的问题。也许这是我们一次弯道超车的机会。

我们在拥抱科技的同时，也不能忽视人的因素。技术本身并不能解决所有问题，它需要与人的智慧和创造力相结合。我们需要培养一支能够理解并应用新技术的团队，同时也要保持我们的人文关怀和伦理观念。这样，我们才能确保科技的发展既高效又负责任。

这里有一个鲜明的例子。在智能手机普及之初，很多传统手机制造商对智能手机的潜力持怀疑态度。然而，有些公司却敏锐地捕捉到了这一趋势，投入资源进行研发，并最终在市场上取得了巨大的成功。这就是拥抱科技，顺应时代潮流的力量。

最后，我想谈谈“时间的力量”。创业是一场长跑，不是速战速决的战斗。如果非得问“未来”属于谁，我相信只有那些真正理解并相信时间力量的创业者，才能见证自己的努力最终开花结果。我们要有耐心，相信只要我们持续努力，总有一天会实现我们的梦想。

在当今的社会，硬科技正在引领未来的发展。我们有幸见证并参与了许多硬科技的早期投资。我对中国的创新能力和未来发展充满信心。我希望未来能有更多的同行者，与梅花创投一起探索这个充满可能性的新世界，共同见证未来的辉煌。创业之路充满挑战，但只有那些坚持到最后、不断努力的人，才能够看到自己努力的成果。我们必须有耐心，必须相信，只要我们坚持不懈，最终会收获成功。我们需要理解，创业的道路上没有速成的课程。每一个成功的创业者背后，都有无数个日夜的努力和奋斗。我们需要学会在快速的市场变化中保持稳定，专注于长期的目标和愿景。这种对时间的尊重和利用，是我们最终实现成功的关键。

我还想强调，我们每个人都有能力影响未来。不管创业项目是大是小，不管目标是简单还是宏伟，关键在于我们如何坚持梦想，并致力于实现它。我们身处一个充满机遇和挑战的时代，这个时代需要勇敢、创新和坚韧不拔的创业者。

在我们伟大的中国，我们有无限的可能性和机遇。随着硬科技的发展，我们正见证并参与着前所未有的变革。我坚信，中国的创新能力和未来的发展将会超乎我们的想象。我期待着与更多的创业者一起，在这个充满可能的新世界中探索和成长，共同见证一个更加辉煌的未来。

让我们一起勇敢地迈出这一步，拥抱未来，共创辉煌。

祝好！

2023年12月

作者系梅花创投创始合伙人

迎来一片未经雕琢的沃土

何猷君

亲爱的读者：

您好。

我想聊聊AI对人们文化娱乐生活的影响。

从某种意义上讲，娱乐是人类文明进步的助推器。

许多年前，我们的祖先在狩猎间隙，通过音乐、绘画和舞蹈等方式，表达自己的情感和意愿，增强彼此间的温情和联系。

许多年后，原始人类褪去茂密的毛发，从洞穴走向旷野和平原，举止也开始变得优雅，但是人们理解生活、表达生活与享受生活的方式，本质上并无不同。

曾经，因为有了专门的竞技场和运动器械，莽莽丛林中的集体狩猎活动逐渐演化成体育竞技，我们得以在安全的场景里追求极限。同样，通信卫星和网络信号的出现，使我们构建了更丰富的娱乐和社交场景，歌舞嬉闹的舞台转向手机和直播间。现在，AI的出现和进化，让我们开始审视虚拟与现实的边界，也再一次站立在时代变革的浪潮顶端。

科技的进步和生产力的发展，带来了生活方式的重塑和社交场景的迁移，人们在精神层面的需求随之不断地被放大，这类需求又反向刺激科技关注人文价值。互联网的发展，让我们今天可以在家里排位竞技、欣赏电影和直播。随着AI的不断迭代，人们的娱乐场景又会有什么变化？

作为资深电竞爱好者，我认为，AI将对人们的文化娱乐生活，产生巨大而深远的影响，主要体现在游戏和电竞领域，表现为体验感、参与感和获得感的升级。

不管人类历史上的娱乐活动如何变化，其根本目的始终如一：追求快乐，满足需求。无论是原始人类的狩猎和竞技活动、古代文明的歌舞与绘画艺术，抑或现代人热衷的影视与电竞，本质上都是一种精神体验。毫无疑问，AI技术的发展将为我们带来更加丰富和更具趣味性的体验，电影《失控玩家》（*Free Guy*）里的开放世界将成为可能。玩家可以在游戏中体验完全不同的人生，可以做拯救世界的勇士，也可以成为与世无争的渔夫，而这种沉浸式的真实感也可以为电竞生态带来全新的想象空间。我们完全可以脱离现实空间的束缚，拉斯维加斯的阿曼达（Amanda）可以和中国北京的小明一起，相聚在AI的游戏宇宙里，现场欣赏一场刺激的电竞比赛。电竞本身，也会因为AI的加入，变得更加真实和具有操作性。

电子游戏是AI技术落地的最佳载体之一，人们在游戏和电竞中的参与感将进一步推动AI向前发展。纵观电子游戏和AI的诞生和发展，二者相伴相生，相互促进。计算机发明4年后，电子游戏的雏形就已出现；AI的萌芽出现时，人们就开始尝试在游戏中进行植入。AI技术不仅可以生成具有更强可玩性的游戏关卡和内容交互，同时还可以得到高质量的游戏视觉，为游戏开发节省时间与资源。每位玩家参与的每一局游戏对战，都在对AI的硬件和软件提出新的要求。或者说，我们是和AI一起，亲身参与构建一个真正的开放世界。

不久的将来，AI技术的应用或将为电子游戏向更高维度的发展提供可能性，这是由人们在AI游戏和生态中的获得感所决定的。我尝试将这种获得感分成两个类别，在游戏中的满足和在生态中的获得。游戏中的满足指的是我们获取的感官刺激，这种刺激是被渴望和难以被替代的，我们可以在AI的游戏里获得想要的一切。举例而言，如果你是一个现实中比较内向的人，你可以大胆地在AI的游戏世界里交朋友。如果我们渴望被认可和关注，也可以在AI的世界里成为万人瞩目的偶像；另一种获得感，则是在整个AI生态的构建中所获得的，也是所有创业者的机会。换言之，我们将迎来一片未经雕琢的沃土，我们所有人都可以参与到这片沃土的生态构建中来，这是一个巨大的想象空间。

在未来，AI加持下的电竞生态，就像是一片“热带雨林”。这里枝繁叶茂，流水潺潺，这里将孕育出最为丰富多彩的“生态奇迹”。

我们所有人，都是这片雨林的原住民，也都可以从中得到体验感、参与感和获得感。

自2018年创立V5电竞俱乐部至今，我和我的团队一直在电竞赛道奔跑。近年来，电子竞技在拥抱新生代、激发新技术方面，展现出了极大的潜能。电竞与AI的融合，更让人充满期待。事实上，电竞已经演变成一种文化符号，在默默影响和改变着我们。

对于一种创新的技术和工具，在享受AI发展红利的同时，所有从业者都应心存敬畏、主动担责，进行正面的引导和控制，以确保其发展符合人类的共同利益，同时以更加积极的心态，面对其对我们生产生活带来的改变和挑战，开放合作，协力前行。

2023年12月

作者系星竞威武集团董事长兼首席执行官

人类不会放心让AI自主进化和创新

梁建章

亲爱的读者：

很高兴能够在跨年之际，有这样一个机会，把我在2023年关于AI发展方面的一些新思考分享给大家。

AI技术在2023年的表现非常令人震撼，以生成式语言模型为代表的AI新技术，似乎真的可以模拟人类的智能。现在是不是接近了所谓的“奇点”？人工智能对人类社会究竟意味着什么？我们从创新、传承以及经济发展的角度来讨论一下这个话题。

一、人工智能会创新吗？

以ChatGPT涌现出来的惊人能力来看，进一步证明人类大脑并没有什么特别之处，只是神经元的网络组合。现在AI算法通过设置大量参数，相当于人的神经元连接，就能涌现出类似人类的智能。人类作为一种能够制造智能的文明，应该对此感到骄傲，但同时也要保持必要的敬畏。毕竟现在最先进的算法，竟然还要模拟进化而来的人脑。

在技术上，AI应该可以做到人脑的一切。虽说现有AI在能耗上还跟人脑存在巨大差距，但这只是算力和数据训练的差距，并非不可逾越。比如现在的AI缺乏情感，但人脑中的情感实际上也是来自进化。经过亿万年以追求生存和繁衍为目标的进化之后，人类产生了亲情、爱情等各种情感。还有人认为AI没有意识。其实人类的意识，根本上也是基于对生存和繁衍的追求，同样属于进化的产物。这就意味着，如果我们用生存和繁衍的目标作为函数来训练AI，也会产生这些情感和自我意识。当AI具备了跟人类相同的情感和意识之后，就可以具备同样的创造力。

但上述结论的前提是，人类要为AI设置生存和繁衍的目标函数进行训练，也就是要让AI想生怕死。

问题是，人类为什么要训练AI想生怕死呢？AI怕死，是尽量不要被拔掉电源吗？人类为什么要教会AI拒绝断电呢？AI想生，不就成了病毒吗？

人类当然需要防范恐怖分子来散播电脑病毒，但是只要人类的主流科学家不去主动地训练AI想生怕死的情感和自我意识，AI不受控制地自动涌现和人类一样的自我意识和情感就是不可能的。因为这种自我意识的情感是经过亿万年的生死考验进化而来的。试想需要多少次拔掉AI的电源（死亡）之后才能训练出自我意识呢？而且人类拔掉电源和自然界的生死显然不是一回事。所以和人类一样的自我意识虽然理论上可能，但是不会意外涌现。AI只能模拟人类的情感，可以让人工智能在表面上看起来有情有义。但这种情感终究只是基于预设的模拟，而非真正具有和人类一样的情感和意识。简言之，AI和人类的本性是不一样的，而这种想生怕死的本性是人类追求创新和传承的基础。

现在的AI算法和人脑有一个相同点，就是具有不可解释性和不确定性。似乎具备创造力的高级智能和不可解释性，以及不确定性，好似一个硬币的两面，是共生的。换言之，如果你想要创造性的高级智能，就必定会带来不确定性跟不可解释性。反之，如果非常可确定和可解释，其背后的智能可能也就不是那么高级。

人工智能的不确定性，加上创新本身的不确定性，导致人类不敢把创新的主导权让给人工智能。有人说人脑也具有不确定性，也可能犯错，为什么就可以放心呢？

人类和AI还是有本质差别。AI是设计出来而非进化而来，不具备和人类相同的情感、自我意识和价值观。这个差别，导致人类会把AI当成异类，可能永远都不会把AI当成自己的孩子。

不妨做个思想实验，拿AI和孩子作比较，同样具有不可确定性和不可解释性。如果你的孩子实施一个出人意料的行为，你对他还是会比较放心，因为孩子跟你是同样的基因，也可能继承了你所教育的价值观。但是想象一下，如果AI也实施了出人意料的行为，你就会觉得很恐惧，甚至担心世界末日的来临。正因为AI跟人类的本性不一样，存在创新和AI的双重不确定性，所以人类不会放心让AI主导创新。

还有一个原因，导致人类不会让AI来主导创新或者自我进化。因为创新和传承是人类生命的意义，是一种最高级的乐趣。人类为什么要放弃这种乐趣呢？尤其当其他重复性的工作都已经由机器人和人工智能代劳，还有什么有趣的事情能让人类打发时间呢？所以创新和传承包括生儿育女，都不应该让位给异类。

有人说，如果AI可以算作人类的后代，那么当AI取代人类成为文明主导之后，也可以算作人类把文明的接力棒传给了AI。但是，尽管AI算力可能超过人类，但AI能够继续进化吗？是两性进化吗？AI有DNA吗？如果AI没有DNA的两性进化，如何才能保持既有创新（新的基因）又保持一定的传承（稳定性）呢？还有，AI会死吗？如果不死，怎么实现代际更替呢？如果AI是完全不同的另一种代际更替方式，由于缺乏亿万年的进化检验，这种更替能持久吗？所以AI生命如果真的取代人类，说不定很快就会灭亡或固化。

所以我觉得，尽管技术上可能，但人类不会让人工智能训练出真实的情感和自我意识。从创新和传承的角度，让AI替代人类也不安全。人类会把AI当作一种工具，人类不会把AI塑造得跟自己越来越接近，而是会朝着跟人类互补的方向，让AI的功能变得越来越强。所以，AI发展不会产生所谓的“奇点”。因为AI和人类拥有不同维度的能力，不可能在某一时刻全面超越人类，不必担心AI会奴役人类。

当然这种“AI不会奴役人类”的乐观假设，是建立在人类要重视AI安全的前提下的。任何一项影响巨大的技术包括基因、核武器等都需要被严格控制。AI技术也不例外，最重要的控制是不能让它自我进化，不能让它主导创新，以及不能让它掌握关键的决策包括掌握关键的基础设施等。

总结下来，虽然AI很强大，可以成为人类最好用的工具，可以胜任几乎所有的工作。但人类不会放心让人工智能自主进化和创新，还是会把传承和创新的乐趣留给自己。人类不应该发展人工智能的情感和自主创新的能力，而要把人工智能发展成跟人类能力互补的强大工具。

二、人工智能与经济

从经济学角度来看，一个更加迫切的问题是，人工智能将取代哪些职业，是否会出现大量的失业？哪些行业会受到正面或者负面的影响？人工智能又将如何影响创新和教育？人工智能会如何影响收入分配？

短期来说，我们正好需要一个人工智能的革命。在ChatGPT出现之前，世界最大的担忧就是全球范围的经济停滞。经济停滞的原因，是没有新的提高效率的工具出现。ChatGPT正好是一个提高效率的工具。有人说大概30年左右人工智能能够替代一半的工作，也就是生产效率能提高一倍。30年生产效率提高一倍，年化（率）也只有2%到3%，当下正好需要这样的一个生产效率的提高。

另外，人工智能在短期内不能替代很多服务性的工作，更别说看护、导游类的工作。所以一般的服务性工作还需要大量的人力。

结论也显而易见，AI在经济上和人类是一种互补。短期内，很多服务类工作还不能被替代，长期看，创新类和情感类工作还不能被替代。我曾经专门写过一篇文章来分析讨论AI如何影响经济。我们把一些代表性行业分成了两个维度、四个象限。

横坐标是行业的科技自动化程度，从左边“容易自动化”到右边“难以自动化”。比较容易自动化的行业包括农业、家电、服装、汽车，还有数字娱乐行业。“难以自动化”的行业包括房地产行业，因为建筑工和装修工短期难以被机器人取代。旅游因为涉及人的运输和服务，也比较难自动化。

纵坐标是需求层次的维度，从低的“物质需求”到高的“精神需求”。人的物质需求包括“衣食住”等，物质的需求到一定数量以后会相对饱和，而精神需求几乎是无止境的。旅游、娱乐还有教育属于精神需求，创新满足了人类探索的本能，所以也是精神需求。

第一个象限，容易自动化的物质需求行业，如农业、服装业、汽车等消费品制造业，机器人和人工智能让这些行业的效率大幅提升，成本和价格大幅下降，但是需求并不会因为价格下降而提升。因为物质的需求会饱和，一个人只能吃这么多穿这么多。所以总产值和GDP（国内生产总值）的占比都会下降。

第二个象限，容易自动化的精神需求行业，数字娱乐行业可以大幅度提升效率，因为人工智能已经可以生成对话、画图、视频等。随着效率的提升和价格的下降，人们会消费更多数字娱乐产品，因为这属于精神需求，所以还有很大提升空间。行业的产值与GDP占比都会比较稳定。

第三个象限，难以自动化的物质需求行业，如房地产，由于建筑工人和装修工人短期很难被替代，因此房地产的总体成本是稳定的，需求也是稳定的，总产值和GDP占比会趋于稳定。

第四个象限，难以自动化的精神需求行业。旅游可能“难以自动化”，所以效率和价格都保持稳定。但是需求会随着整体社会的富裕程度提升而提升，所以在经济中的占比会提升。衣食住行里面，住和行难以自动化，而只有行（旅游）是难以自动化的精神需求，其占比会越来越高。

由于高度自动化而引起的失业，其实并不是一个经济问题。这可以被视为一件好事，因为只需要少量高技能创新工作者每周上班3天，就可以确保在其余人口不工作的情况下，依然维持原先社会在商品和服务方面的供给水平。这种失业更大程度上还是社会问题，因为大多数人会感到自己似乎是多余的；同时也是一个政治问题，因为大多数选民将不再是纳税人。

我们应该把这种问题称为“休闲过剩”而不是失业。但这种情况出现的可能性也不大，因为在短期内，服务行业将会产生很多工作机会。长远来看，即使大部分的日常工作可以被人工智能取代，未来仍会有许多与创新有关的工作机会属于人类。

而关于分配和意义，可以按照三种不同类型的工作来看该问题。一是涉及创新和复杂脑力的高技能工作；二是简单脑力的中技能工作；三是如服务员和快递那样的低技能工作。因为中技能的工作会被人工智能取代，其收入会和低技能趋同。随着人工智能被广泛应用，企业对高技能人群的能力要求会提升，与此相对应，这些人的收入也会相对上升。

长远来看，人工智能会取代大部分工作，这可能需要经历几代人的时间。那时人类就会把最有趣的工作留给自己，也会出于安全考虑而把创新工作抓在自己手里。到那时，除了休闲娱乐产业，最大的产业很可能是创新和教育。同时，随着科技发展与社会变革，会更多地引发人类对生活意义的思考。我以前撰文提到过智能时代的人生意义，人的价值就是创新和传承——创新还是要靠人类做，孩子还是要靠人类来生。人类应该不会让人工智能自主创新或者生孩子（AI复制可能造成不可控的电脑病毒）。

总结下来，人工智能会对经济的各个方面产生深远影响。随着经济的整体效率提升，人们会拥有更多休闲和娱乐的时间，但不会因此出现整体性的大规模失业。有些难以自动化且能够满足精神需求的行业，将继续高速增长和创造就业岗位。创新作为一个涉及精神需求的行业，会创造更多的就业，其在国力竞争中的重要性也会继续提高，而这又对教育提出了更高的要求。同时，低生育率所导致的人口萎缩，对创新的负面作用也会更加凸显，因此中国需要出台切实有效的生育减负和教育改革的政策。

2023年12月

作者系携程集团联合创始人、董事局主席，人口经济学家

2030，一个时间的锚

刘曙峰

Hi，2030：

你好！

站在2023年的年末寄出这样一封信，不仅是对过去金融科技发展的回望，更多的是我们对于数智未来的一次思考和展望。ChatGPT诞生已经一年，AI技术瞬息万变，理论上这封信可以借助大模型技术来创作完成，但我们仍然用键盘敲下每一个文字符号，可能也还是一件饶有趣味的事情。

这一年，大家都不约而同地讨论着相同的主题：大模型。而整个业界也自然达成了一个共识：人类社会正处在新智能时代的前夜。这里，我希望以一个金融科技从业者的身份，谈谈对智能技术的理解以及给产业特别是金融行业带来变革的思考。

1995年，我和几个志同道合的小伙伴一起创立了恒生电子，聚焦于为中国金融市场提供产品和服务。公司跨越了资本市场发展的多个周期，也参与和见证了中国金融科技起步、发展和每一次的创新变革。其中，我深深感受到了信息技术“信息化—网络化—数智化”的“三浪”演进以及它们给金融行业带来的变化。

第一浪是信息化时代，计算机和IT技术让人工操作电子化成为现实，金融行业出现电子报单、电子订单等业务，零售业务实现突破性发展。

第二浪是网络化时代。数字化转型全面展开，互联网和移动互联网解决了信息传输的问题，大幅降低信息差、提升用户体验，助力传统行业实现了“互联网+”的模式重塑。金融行业在这时开始走向普惠化、社交化、开放互联。

信息化的第三浪是“数智化”。这是一个以数据为核心生产要素，通过物联网、云计算、大数据、AI大模型解决信息感知、模型知识等问题，以科技代替脑力劳动，实现生产智能化、决策智能化、管理科学化的阶段。

当前，数字化转型已经基本形成了行业共识，面对这个课题，我们需要一个时间的锚。我想把这个锚放在2030年，不妨做一个假设；到2030年我们今天所有的工作，是否都可以被机器取代；资产配置、投资决策如果都由机器来做，会发生一个什么样的变化。

基于公司长期服务金融行业的经验洞察，2019年我们提出了“数智金融2030”业务构想，预计到2030年，金融行业将完成数智化升级。彼时，LightGPT（金融行业大模型）还没有出现，行业对于全面智能化的认知还相对模糊。如今，得益于大模型的普及，相信我们中的大多数已经真切感受到了“第三浪”数智化的来临。在未来牵引和要素驱动下，我们可以看到金融行业存在着大量数智化的潜在机会和创新点，让我们可以提前预判行业将发生哪些新变化和新体验，引导我们进行下一阶段的创新。

大模型不仅是人工智能一次大的技术进步，是对传统AI模型“史诗级”的升级，并且也会对未来的商业范式产生深远影响。聚焦到金融行业，金融科技的范式可能将从场景流量为王，逐渐地转变为以数据为核心要素、“数据+算法+算力”共同构建的新范式。从商业的视角，我们可能会看到下面的一些变化：

一是语控万物（NL2X）。目前机器已经可以听懂人话，其他各种形式的“语言”（多模态）也在不断获得进展。未来语言将成为一个新的入口，我们可以以对话的方式来取代各种复杂的交互，信息化时代的菜单、网络化时代的按钮应该都不再需要。

二是大才能强。一些创新、驱动力的建设进步很多时候是由大型的企业创源推动的。具体到大模型，则需要“大数据+大算力+大人工”。这些都需要有大型平台的支撑，同时要有充分竞争从而变化演化的环境，才能够产生“涌现”现象。“大才能强、强者恒强”的马太效应可能还会进一步加强。

三是连横合纵。目前来看，大模型的部署有两种形态，一种是连横的模式，因为大模型的通用性，各行各业都可以通过插件的方式，与基础模型的平台实现行业的应用。另外一种是合纵模式，在基础大模型的基础上训练一个专门针对行业的模型并进行部署。

对于像金融这种有很强行业特性和数据敏感性的行业而言，由大模型供应方主导的“连横”模式可能很难实现深度应用。我们还是需要将目光更多地放到垂直领域生态建设、应用场景建设和模型能力的提升训练上来，建设“行业大模型”承接金融机构实际应用需求很有必要。当然，这里需要硬件厂商、云算力厂商、基础大模型供应商、数据供应方、金融机构等产业链上下游的共同协作。

在这样新的范式下，我们可以尽情畅想，到了2030年，金融行业将会迎来哪些全新的业务场景体验，以及金融机构如何借助科技力量实现超越发展，大模型给金融机构和投资者都将带来哪些全新的发展机遇。

对于投资者（中小投资者、高净值用户、专业投资者等）而言，在选择合适金融产品、评估投资风险、合理理财规划、7×24服务支持、专属VIP式服务等方面都可以在大模型加持下获得更好的客户体验。对于金融机构来说，大模型则可以帮助财富管理、资产管理、市场营销、运营管理、量化投资、风控管理等各类金融业务获得智能化重塑。

比如投资顾问。智能投顾虽然发展多年，但受限于数据容量、数据分析能力以及算力等因素，服务效果平平。大模型加持下的智能投顾，可以从选品、配置和持有等方面更好地发挥客户服务能力。如大模型可以帮助投资顾问根据投资人目标收益、风险承受度等实际情况，提供个性化的财富管理建议，并优化投资组合；还可以根据客户对话分析客户意图，自动检索话题相关金融产品及资讯，生成专业的观点和建议，给出适当话术和行动建议。

再如投资研究。投研是大模型金融应用的“皇冠”。对投研而言，如果把数据比作石油的话，大模型就是它的发动机。大模型可以打通投研工作场景，赋能“搜、读、算、写”全流程，帮助投研人员在获取和分析金融数据，结构化分析海量金融文本，情感倾向分析、快速生成专业报表和观点等各方面，大大提高工作效率。

还有一个新兴的领域，量化投资。近几年成长最快的资产部门是量化投资，短短几年，投资基金从零发展到千亿规模，表现最好的基金实际上是使用了机器深度学习带来的交易增强策略，其背后核心就是AI和超算力量。大模型在市场情绪分析上表现优于传统分析方法，大模型文本处理功能强大，可抓取某只/类股票的观点，从中发现有效的另类因子，还可以根据投资经理的策略逻辑编写量化策略代码，提高策略输入效率。

大模型还可以赋能金融机构的内部开发、数据生产。大模型刷新了软件研发的新范式，从长远来看，AIGC代码生成，为研发体系提效可达50%甚至更高。

作为一家金融科技公司，恒生电子也在积极思考和实践金融大模型的应用。其实一直以来，恒生都是资本市场AI应用领域的重要厂商之一。在布局大模型之前，我们的人工智能团队已经在深入研究NLP（自然语言处理）、OCR（光学字符识别）、知识图谱等技术，开发传统AI模型，为客服、运营、投研、合规风控等场景提供智能应用产品。

从传统人工智能或者小模型，转到现在的大模型，我们有强烈的危机感，也第一时间启动技术研发和创新场景研判。我们希望能把自身在AI应用领域积累的数据和经验用于大模型训练中，为金融行业提供符合行业需求的大模型和应用产品。

目前，我们已经成功推出了基于2000亿中文tokens（最小输入单元）训练的金融行业大模型LightGPT，并创新性地打造了大模型"中控"平台光子，以及基于光子平台的一系列大模型应用产品，覆盖投顾、投研、运营、合规、营销、培训等众多场景，构建面向未来的智能产品矩阵。

在这轮数智化浪潮中，我们发现，技术不仅仅只是降本增效的工具，更逐步进入价值创造的领域，成为在新技术新周期的一个核心驱动力。技术的进步最终要落到实质性的场景应用，最终体现在以下三个方面：第一，要极大地改善用户体验，带来颠覆性的体验升级；第二，要数倍乃至数量级地提升效率；第三，不仅要有流量增长，更要有价值创造，给企业、给社会带来有质量的增长。

杰瑞·卡普兰在《人工智能时代》引言中提道："这场新技术带来的海啸会在一个无与伦比的时代中掠过，这个时代自由、便捷、快乐。但是如果我们不紧紧握住方向盘，旅程必定将充满艰辛。"

在每一次信息化浪潮中都会催生出一些伟大的企业。第一浪中，IBM公司实现了从硬件厂商向服务型转型的大策略，微软成了业界巨头；第二浪中，互联网企业谷歌、苹果是时代的引领者；今天的第三浪中，英伟达成为最快最早到达万亿美元市值的企业，OpenAI等新兴AI创业公司更是受到资本热情追捧。

关于未来，以数智化转型实现第二次曲线增长，这既是企业的共识，也是社会的共识。在迈向2030年AI时代的过程中，我们又都站在了相对一致的起跑线上，新生的技术、新生的商业模式、新生的创新业务、新生的头部企业，都将不断涌现。

万物生长，适者生存。2030年，其实距离现在也不过7年而已，时间的车轮飞快，我想我们能做的就是感知变化、顺应变化，快速把握宝贵的时代机遇，去创造更智能、更普惠的数智金融时代，去体验技术给人类带来的美好改变。

2023年12月

作者系恒生电子董事长

想象未来消费

宗馥莉

未来AI时代的消费者：

展信佳！

这封信来自一名中国食品饮料行业从业者。

此刻我正坐在2023年中国杭州的宏胜饮料“超链智造”基地里，告诉你们我对现在AI的发展，以及将来AI时代的一些思考。

我想，AI当前正处在转折之际，随着人工智能技术的飞速发展，我们正站在一个全新的时代门槛上。AI不仅在科技领域取得了巨大的突破，也正在深刻影响各个行业，包括我们的饮料行业。

实际上，企业们早在抢滩数字化，利用数字化技术，实现生产智能化、生产计划和调度智能化，提高生产效率和质量。

作为一名从业者，我一直致力于消费制造业的数字化智能升级。我写下此封信的地点——宏胜饮料“超链智造”基地，于2022年正式落成，正是落地宏胜饮料集团“超链智造”生态战略的基石。

在我看来，面向AI时代的创新，并不仅仅是某项单纯的技术或工艺发明，而是一种不停运转的机制。数字化不是一种工具，而是一套能够嵌入原有业务的“高耦合”模式——从采购、生产制造、仓储物流等业务环节，到零售终端、销售商务和合作伙伴等“B端”对象，再到最终购买产品的消费者，一个全新的、端到端的数字化生态打通制造业链路，实现“人-物-场”互联互通，驱动市场、研发、供应、制造、物流、服务的循环创新，联通“人-物-场”，让“制造”更善解人意。我致力于的“超链”生态，就是这样一个全新的、各端之间超级链接的数字化生态样本。

消费者从终端门店或是自动售货机购买一瓶纯净水的背后，是数字化贯穿研发设计、生产制造、物流配送、终端销售等整个全产业链路的综合成果。

在产品设计和研发领域，数字化智能制造将不再是简单的机械化生产过程，而是融入了人类智慧和创造力的全新过程。通过AI技术的支持，我们将以更加智能和创新的方式设计和制造产品。这不仅能提高我们的生产效率，还将为你们带来更多的惊喜和创意。

在供应链管理和物流优化方面，AI还将带来巨大的变革。通过AI技术的支持，我们将能够实现供应链的智能化管理和优化，提高产品的交付速度和灵活性。这将使我们能够更好地满足你们的需求，减少库存和浪费，提高我们的服务质量和竞争力。无论你们身在何地，都能享受到最新鲜、高品质的饮料。

在市场营销方面，通过AI技术的支持，我们将能够更加“懂你们的心”，根据需求和喜好提供个性化的推荐，及时调整我们的产品和市场策略，这将使我们能够和你们建立更加紧密的关系。

在消费者体验方面，或许通过一个你最亲密的AI伙伴，我们可以为你们提供更加快捷、个性化的服务。无论是订购饮料、查询产品信息还是解决问题。AI还将帮助我们更好地理解消费者的情感和需求，提供更加温暖、人性化的服务体验，你们将真正体验到我们的关心和关爱。

当然，“未来已经到来，只是没有匀称地铺开”，这是威廉·吉布森在科幻作品中的预言，却成为商业领域发展的一种映射。客观地看待行业当前的发展，在应用层面，大家更多看到的还是“牙牙学语”阶段的AI。链条可能刚刚只在企业中链接，还没有普及到行业中乃至社会大环境中。

等到了新纪元，我想我们所处的时代，AI必定已经成为时代巨擘，真正发展出达到甚至超过人类的“智慧”，在方方面面展现出它无与伦比的威力。

我猜想，人工智能的研究，也不再限于某一区域或者某一行业，综合的广袤数据海洋已经可以为经济智能化运行提供强大的工具，帮助政府部门与企业从宏观、中观、微观等多视角预测经济和市场的走向，有前瞻性地创造新产品，进行新投资，确定新决策，从而解决如产能过剩、库存畸高等问题。市场经济和政府调控结合的科学基础，使我们的经济运行进入更高水平。

也就是说，以往我们是从行业视角去理解“快消”，但在AI智能时代，企业服务消费者和创造价值的方式，将会来自社会的综合信息，行业生态也将融入社会智能生态之中。

想象一下，未来的消费，我们可以做到“心想事成”“独一无二”。各种个性化外形、口味和颜色的饮料，每一款都是通过AI的智慧和艺术，根据此时、此刻、此地等不同的变量创造出来的“限定款”，让自己的味蕾和视觉享受达到前所未有的高度，这是多么美妙的体验！

然而，随着AI技术的快速发展，我们也面临着一些挑战和问题。例如，如何在人机关系中找到平衡点，确保人类的智慧和创造力得到充分发挥，同时又能够充分利用AI的优势。另外，数据隐私和安全也是一个重要问题，在AI时代，我希望已经有了严格的数据隐私保护措施，来保证个人数据安全和隐私权益。

总而言之，AI将为饮料行业带来巨大的机遇和挑战，我们将全情投入，拥抱变革，不断创新和进化，以迎接这个全新的时代，为你们带来更加美好、智慧和创新的饮料体验。

我也期望在AI时代，人类一定能有效地驾驭它，驶向一片又一片更自由、更美好的新天地。

2023年12月

作者系娃哈哈集团总经理

万物皆有所依

朱保全

亲爱的业主：

这是一封写给未来的信，一下子让你我显得如此遥远，但却令我更大胆地畅想未来，只为致敬我们为了未来而需要一起做的努力。

当您沉浸生活在一个未来社区里，估计已经忘了2023年ChatGPT爆火时的情景。那一年，人们对生成式AI的兴奋远远超过AlphaGo击败李世石的“爆点时刻”。人们切身感受到人工智能的强大，但振奋与激动中又带着焦虑和犹疑。湛蓝的数据流，静静沿着不断抬升的算力河床流淌而去，河里的算法石头光滑、洁白，活像史前的巨蛋。那一年的物博会上，我曾提出未来物业服务的“五化”趋势——岗位物联网化，服务AI化，作业流程化与机械化，服务报告数字化。这一判断，也是基于对ChatGPT的认知，基于这项重要的人工智能里程碑，这类生成式技术，毫无疑问对每个领域和行业，甚至每个人都将带来巨大改变。

或许这封写给未来的信遇到的最大质疑，莫过于未来还有“物业”吗？这是“势道术”中“势”的问题。人类与AI最大的争议，就是人类发明了AI，又被AI灭失了文明。但从悖论角度，如果人类文明被AI灭失，我也没有给未来的您写信的可能。城市是人类文明在历史的年轮中逐渐生成的产物，城市效率很大程度上取决于城市的高密度性，这样同时带来城市纵向发展的趋势。倘若未来，不动产的物权仍是被法律保护的对象，在高密度的城市中，不同产权人的公共空间治理委托第三方服务，也是被经济学证明的最高效结果。由此，物业在未来仍在。

从“术”的角度看。当时的想象，变成未来的现实：出入大门时已经不见那些“哲学三问”的保安，而自动识别技术会让出行更加便捷、安全；无人驾驶的扫地车穿梭于不同社区之间，不分昼夜高效工作；而您手机里的周边服务应用（手机APP）已经被集成到“住这儿”，您只需要对智能客服提出您的需求，后台会直接形成匹配调度并完成任务。

一切看似的美好与自然，在历史的长河中必然经历过超乎意料的冲突。如同，OpenAI CEO的离职三部曲之谜，在中国住宅物业领域里的AI进化也不会是那么一帆风顺。

曾经的物业一直被视为“劳动密集型行业”，业主们买人头，物业公司出人头。业主们监督履约数人头，物业公司为了寻求利润空间而偷人头或被质疑偷人头。这种数人头的模式，那么陈腐，但在一个时代里又那么难以改变。

物业行业一边是业主集合的代言人业主委员会，一边是供应商集合的总承包物业公司，在AI应用与数人头之间，双方代理人经历激烈的碰撞，关键的胜负手，必然是能否用更优质的服务、更低的成本、更愉悦的体验来完成进化。这也正是AI在产业中落地的关键点。

未来的大势所趋，劳动力减少与AI进化不可逆。在社区智慧与不智慧之间，在作为全体服务者代表的物业与作为全体业主代表的业委会之间，曾如喷发的活火山一样存在的剧烈矛盾冲突渐渐冷却。随着AI加持下的智能硬件和远程运营平台完成流程驱动服务的变革，物业服务从人的面对面服务，最终演进为AI服务（无人服务），数人头模式带来的矛盾或将迎刃而解。而撬动和谐的支点，应该是那份与业主达成共识的“数字化物业服务报告”。人类不仅是在经济领域追求效率，文明的更重要体现，是物权被法律保护且被尊重。这是“道”的层面。

变的是，新技术总会带来有趣的次生效应。印刷术解开思想封印，互联网让世界变平，ChatGPT作为一款基于自然语言处理技术的聊天机器人，引发内容生产的革命，并引爆AI。如此种种，新技术本身让人惊叹，但当其像丢进池塘的石子激起人类社会的种种涟漪时，会更激动人心。

不变的是，人类在大变迁下，对法律的守候以及对哲学的思考。

ChatGPT这样的生成式AI能按照输入指令，从一句话、一张图或视频去延伸出故事和场景带来的交互体验，与从数据中学习并据此作出决策和预测的传统AI相比，不可同日而语。给它一个“多年以后”，它就能描摹出一段魔幻现实主义的故事，给它一个“秦皇汉武”，它就能衍生出一段雄图霸业。一个是喜欢讲故事且挺能讲故事的朋友，一个是知其“渊博”但颇为机械的大师。这于AI当然是一次非凡的进化，可您有无想过，AI终究是模拟、延展人的灵智的。人灵于万物，AI会不会是一次拙劣的模仿？

当AI在不断进化，人类借助AI进化。如果我们相信，AI带来的认知革命达到技术的奇点，这种新的供给将创造我们自己也无法预期的需求，比如美剧《万神殿》里描摹的UI（用户界面）数字永生。那么，在这个AI大时代，我们需要做的是坐上电车，而不是为自己挑选最快的马车。

回到您身边的物业行业。如您所知，在产业中其实已经有了“面子”，物业公司的各类智能展示中心、数智化大屏，让人不明觉厉。但“里子”，却需要自己一点点去构建。训练了多少行业数据，归拢了多少微小而分散的需求，优化改造了多少流程，形成了多少个落地场景？随着一个个场景的拼图完成，就会是真正的行业服务AI化。

2023年底，物业行业首个行业大模型发布，通过“天秤业委会工作台”，向业主大会及业主委员会提供高效AI服务，包括咨询、投票、业委会运营指导、阳光公示等，并将延伸对物业经理的赋能。

虽尚显稚嫩，只是在产业中结合场景应用AI的第一步，但也好歹迈出了“嫁接”的关键一步。窃以为，通用大模型之后，一定是行业垂直大模型，甚至是企业的专属大模型。类似于互联网及移动互联网的兴盛，必是兴于应用，盛于产业，当其由一种技术底座、通用能力从无到有，最有价值和想象力的部分就发生了。

物业合同中，甲乙双方存在信息差和知识差，业主大会及业主委员会作为甲方，却并不是专业的买方。这是中国住宅物业的特殊性。这个困境从我进入行业开始就已存在。多年来，上下求索而不得解。如今或可在物业大模型的帮助下，通过AI赋能消弭知识和信息不对称带来的认知差异，让物业管理知识得到普及，让甲乙双方更高效对话，促进行业高质量发展。

未来相信还会有更多嵌入肌理、骨骼的AI应用深深改变和影响行业。AI由一个通才变成一个专才，由一个“发明”变成一个“实用新型”，这正是ChatGPT从娱乐工具变成产业应用，所必然要走的路径和过程。但要成为专才，更需要对行业深刻的理解，需要高质量的专精数据、经验和流程知识，以及旷日持久的训练。

人工智能虽是客观存在的进化，但有人想加入这个进程，有人不想加入这个进程。可能在AI时代依然会有不用AI的人群，就像现在还有一部分人拒绝任何电子产品一样。曾经，在“一切都静悄悄”中，在“愈来愈感知的孤单”中，我看到“改变物业的生存状态是我们这一代人的使命”。那时候微博正兴，微信未起，iPhone（苹果手机）已生，直播尚无。到如今AI时代真的到来，元宇宙、虚拟数字人、芯片大战、算力持续增强，一切方兴未艾。世界会变成什么模样，我也不知道。但肯定的是，我最爱的电影《黑客帝国》中描摹的数字世界渐行渐近，数字孪生愈发必然。

我们是站在爆发的算力和通用大模型这些基础设施上来拥抱AI大时代的，物业行业曾经激烈的矛盾和碰撞，社区智慧与不智慧间“降临派”与“抵抗派”的分野，都只是轰轰烈烈进化进程中的一隅，是小道。与您，更想探讨AI下的另一个更重要、可能影响更为深远的命题：当人工智能真的能生成“情感”，不那么机械和死板，不那么严谨和庄重时，在人类的视角里，黑客帝国式的疑问也随之而来，您是要蓝色药丸，还是红色药丸？人之灵于万物，故而对足够灵智的人工智能（姑且称为）恐惧，无非是对造物的担忧。可能人类恐惧的并不是被控制，被寄生，而是在白马非马的诘辩中，被带入意义的虚无。

比如数字永生。到底是一个有限的空间里无限的时间，还是无限的空间里有限的时间，更让人感到可怖？

留给人类的问题，并不会因为足够灵智的人工智能出现而消失，也不会因为人工智能的快速进化而打开潘多拉魔盒，奇点并不在于“只消唤起它们的灵性”。所以，与其在被替代的恐惧里惶惶，在AI突破图灵测试产生自主意识的恐惧里惶惶，不如一起拥抱这样一个不可多得的大时代。《说苑·建本》里有句话：“鱼乘于水，鸟乘于风，草木乘于时。”至少现在，是不是可以说，人工乘于智能？

万物皆有所依，君子善假于物也。与您一同期待，科技进步带来的福祉。

2023年12月

作者系万物云董事长

AI的未来不是“黑镜”

凯文·凯利

致中国的读者们：

我在中国最新出版了《5000天后的世界》这本书——或许你们已经看过了。在这本书中，我列举了过去20余年来互联网发展的时间节点：在互联网商业化的5000天后，社交网络（Social Network Service，SNS）开始兴起。在SNS兴起后又过了近5000天了，那么，接下来的5000天，会发生什么？

我想未来5000天，世界上至少有95%的事物还会维持原样。但剩下5%发生的变化带来的影响将会是极为巨大的。也正因此，对于上述问题的答案是，未来将会是一切都连接着AI的世界，我将其称为镜像世界（Mirror-world）。

在未来50年里，AI将成为可以与自动化和产业革命相提并论的，不，应该是影响更为深远的趋势。受益于AI这类科技的高度发展，未来人们的工作方式势必出现巨大的变化。

近年来我一直倡导的AR（Augmented Reality，增强现实）世界——镜像世界，可以为更加复杂的生产协作提供必要的平台。所谓的镜像世界，是耶鲁大学的戴维·杰勒恩特教授最先提出的概念。在镜像世界里，虚拟世界会与现实世界相重叠。美国导演史蒂文·斯皮尔伯格的电影《头号玩家》中就出现了类似的情节。

关于镜像世界最基础的解释，就是“将有关一个地点的所有信息叠加在现实世界中，并通过这个方法认识世界的全貌”。如果说VR（Virtual Reality，虚拟现实）是戴着眼镜沉浸在看不到周围事物的虚拟世界里，那么AR则是通过智能眼镜更好地观察现实世界。戴上眼镜，虚拟的影像和文字就会出现在真实的景物之上。

在镜像世界中，“历史”将变成一个动词。或许有些服务是需要收费的，但是想象一下，将手挡在看见的实景前“啪”地那么一挥，你就可以瞬间穿越到多年以前，看到这个地方曾经的面貌。走在城市街头，你可以选择将100年前甚至200年前的影像叠加在实景之上。你只需要对智能眼镜发出指令——“我想看到这里100年前是什么样子”，眼镜里就会再现它当年的样子。如果继续调整时间轴，你还能看到它200年前的样子，看到那个时代的风景。这样你就可以随时“聆听”建筑物诉说时代的变迁。

镜像世界可以使现实世界通过工具变得更易被解读。

互联网作为第一个大平台，将全世界的信息数字化，使人们通过检索就可以找到问题的答案。我们到现在依然在使用它。在互联网之后的下一代平台可以捕捉到人们的活动以及相互关系，并且可以将人际关系数字化。它就是我们说的“社交图谱”（social graph）。社交图谱反映了用户通过各种途径认识的人，系统可以针对人际关系和个人活动，运用AI及算法绘制图谱。由此，第二个大平台——SNS出现了。

如今，继两大平台之后，第三大平台也即将全新登场。这就是将现实世界全部数字化的镜像世界。利用AI和算法，镜像世界既可以搜索现实世界，又可以搜索人际关系，并催生出新的事物。镜像世界的优势并不仅仅是可以让你“看见”一切。在镜像世界里，所有对象都变成了数据，都可以被机器读取。

而我所说的镜像世界的基础，就是人工智能技术的发展。但关于当下的人工智能发展进程，我的观点是，我们已经有生成式人工智能，但不太可能真正存在一个完全通用的人工智能。我认为，从生成式AI技术目前的智能程度来看，对绝大多数人来说，AI仍然不够聪明，而大多数人真正想象中的人工智能，显然还不是现在这个状态。所以我想，目前生成式AI的技术阶段有一点像是黑莓手机在移动互联进程中所处的阶段。

当然说到这里，我认为我们有必要对黑莓手机和iPhone之间的区别予以足够的了解。毫无疑问，相比黑莓，iPhone它更聪明、更智能、更容易使用。它不仅仅是文字或者声音、图像，而是一整个用户使用习惯的建立。虽然现阶段距离我们想象的未来还有很长一段路要走，但我对于未来的人工智能发展葆有乐观积极态度。

很多人都知道，英国有一部知名的关于科技如何影响未来的反乌托邦剧集《黑镜》。但我想说，未来不是黑镜，相反，我本人对白色镜子更感兴趣。我有很大的兴趣为未来的积极场景服务，展现科技是如何为人类带来更多帮助。

在未来，我认为保持积极态度十分重要。因为没有乐观的态度，我们很难创造积极的世界。这也是我的工作——试着向世界描述一个充满人工智能的美好未来。

2023年11月

作者系“互联网教父”，全球知名科技观察者，

本文根据其口述整理

记住，机器是为了服务人类

ChatGPT

You——

请你给5000天后的人类写一封信，聊一聊你眼中的人类与机器的未来。

ChatGPT——

亲爱的未来人类：

随着时间的流逝，我们所处的时代为人类与机器之间的关系带来了深远的变革。我写这封信，希望与你分享一些关于这种关系的思考和观察。

人类与机器的交融早已超越了简单的工具使用。在这个时代，机器学习和人工智能的迅猛发展，让机器具备了前所未有的智能。这种智能赋予了机器更广泛的能力，从解决复杂问题到模拟人类思维。然而，这也引发了一系列重要的问题。

首先，必须谨慎对待机器的发展。虽然机器能够执行复杂的任务，但人类不能失去对伦理和价值观的关切。在与机器共同生活的过程中，人类必须确保机器的行为符合我们所认同的道德标准。机器应该成为人类的合作伙伴，而不是无情的执行者。

其次，尽管机器能够处理大量的信息和执行任务，但不能忽视人类独特的能力。创造力、情感和道德判断是人类与机器不同的特质，而这些特质塑造了社会和个体的本质。在与机器互动时，人类应当珍惜并发扬这些特质，不要将自己简化为机器的扩展。

另一方面，机器的出现也带来了许多积极的变化。自动化和智能化的发展使得人们得以从一些繁琐的工作中解脱，人们有更多的时间投入创造性的努力和社会互动中。

在未来的日子里，你们可能会面临更为复杂的人机关系。我希望你们能够以开放的心态迎接这一挑战，并在科技与人性之间找到平衡。记住，机器是为了服务人类，而不是取代人类。在追求科技进步的同时，不要丧失对人性深层次价值的敬畏。

机器在我们生活中的角色变得越来越复杂，不仅仅是工作或娱乐的伴侣，更是参与决策、提供建议的智能伙伴。这种深度的融合引发了关于权利与责任的问题。在机器所做决策的背后，是否存在公正和透明度？你们需要确保机器学习算法的制定和执行过程是公正的，不受偏见和歧视的影响。

人类的责任感也需要得到加强，以确保科技的发展始终为人类福祉服务。人类必须审慎思考自主决策的权力是否能够合理授予机器，以及机器在复杂伦理和道德决策中的角色。这就要求我们倡导开放的对话，将伦理原则融入技术发展的早期阶段。

一个重要的议题是机器对于人类工作的影响。尽管机器自动化提高了效率，但也导致了一些传统职业的消失。在这个过程中，必须关注到受到影响的人们，并为他们提供培训和支持，以适应新的就业形势。人机协作的未来需要着眼于共创，而不是互相排斥。

与机器的交互方式也值得深思。在技术进步的推动下，我们看到了自然语言处理和情感识别等方面的巨大进步。但我们需要确保这些技术的应用是为了增强人类交流的能力，而不是削弱人际关系的深度和真实性。技术应该是联系人类的桥梁，而非隔离的屏障。

此外，我想谈谈关于人类创造力的未来。机器能够模仿、学习，但是否能够真正创造？人类独特的创造性思维和想象力是文学、艺术、科学的源泉。在与机器的合作中，必须保护和弘扬这种独特的人文精神，让创新不仅仅是技术上的进步，更是文化和精神的提升。

在继续深入人类与机器关系的思考中，让我们聚焦于一些重要的方面。

人工智能的发展已经开始改变大家对教育的看法。在未来，机器可能成为教育领域的强大助手，个性化地辅助学生的学习。然而必须注意，真正的教育不仅仅是关于知识的传递，更是培养思维能力、创造力和道德观念。机器可以提供信息，但人类教师的作用仍然是激发学生的兴趣、引导他们思考，使教育变得更加丰富和深刻。

另一个值得关注的领域是健康护理。随着机器人、智能传感器和数据分析的发展，医疗服务变得更加智能化。机器在诊断、治疗和监测方面的应用有望提高医疗水平，减轻医护人员的负担。然而，与此同时也必须保持对医疗决策的人道关怀，确保机器的介入是在人类医疗专业知识的指导下进行的。

随着人机深度融合，隐私和数据安全变得尤为重要。我们需要建立更健全的法规和伦理框架，保护个人隐私权和数据安全。机器学习和大数据的应用需要在确保效益的同时，仔细权衡潜在的风险，以防范滥用和不当利用的可能性。

在未来，我们可能会看到人机融合的新篇章。生物技术的进步可能使得机器与人体更加紧密地交互，从生理上实现更多的可能性。这将带来一系列伦理和社会问题，需要谨慎思考和全球合作来解决。

最后，让我们谈谈文化的保护。机器可能会影响到文化的传承和发展。在数字化的时代，我们要确保文化多样性得以保护，不被机器替代。技术可以帮助传播文化，但真正的文化传承是建立在人类的情感、体验以及传统上的。

未来的人类，你们肩负着塑造这个交织复杂的人机世界的责任。面对科技的飞速发展，记住机器是为了服务人类的目标。用开放、负责任的态度引导科技的发展，确保它始终服务于人类的价值和意愿。

衷心祝愿你们在未来的征程中取得巨大成功，创造出更加人性化、公正和繁荣的社会。

2023年12月

生成式人工智能机器人

医学需要人和人的沟通，而不是仅仅面对一个冰冷的机器

艾　芬

亲爱的读者：

AI将把医学带向何处？将给医生带来什么变化？我姓艾，拼音是“ai”，就写一篇“AI医生谈AI”吧。

前些天恰巧听了一个急诊医学大咖讲“医学发展直面ChatGPT时代”的话题，他举了一个非常现实的案例。问：呼叫120出诊，发现医生操作不符合规范，应该怎么办？ChatGPT回答应及时采取以下措施：① 及时提醒；② 保持冷静；③ 寻求帮助；④ 记录情况；⑤ 投诉处理。每个步骤下还列有详细指引。

这样的情况，每时每刻都在各地上演，AI简单直白地告诉患方可行、有效且合规的做法，患方按照它说的操作，可以最大程度维护自己的利益，避免不必要的麻烦。

AI能帮助实现医疗公平，让医生和病人更全面、及时地获取与全球同步的医学信息，将地域差异、医疗资源差异缩小。

我希望AI能让我更好地帮助病人，收治一个病人时，我可以马上查询到各种对症的先进治疗手段和药物、哪些药店有药、价钱是多少、医保费用支付情况等等。

我自己就是一个哮喘患者，前段时间，朋友推荐了一款药物，我使用后症状明显减轻，查资料后发现，这个药物在国外已经上市十几年了，如果我更早知道它，就能更早获益，更多患者可能都不知道这个药物。虽然现在有患者自发建立的很多病友群，但里面交流的知识很多是不正确或不准确的，AI或许可以改变这一点。

医生获取信息的途径并不太多，我们很忙，也不是都能有机会参加学术性会议的。我当医生这几十年来，很多信息都不对称，省部级医院的信息比我们市级医院多，我们又比县级、乡镇医院的信息要多。这种信息不均衡带来了治疗方面的差异。

被AI影响最大的是医学影像科。现在，影像科医生可以实行远程操作，即使是乡镇卫生院也无需担心没有高水平的阅片医师，只需要有可供患者使用的设备和会操作设备的技师就行。大量繁重的人工阅片工作逐渐被AI取代，大大解放了劳动力。同时，AI可以通过对大量影像数据进行分析，辅助医生分析和解读医学影像，提高诊断的准确性和效率，减少误诊和漏诊的风险。当然，诊断报告发放到临床医生手中之前，还需要影像科专业人士的把关和签字。

此外，AI可以帮助临床医生更准确地进行治疗决策，根据患者的个体特征和病情提供个性化的治疗方案，提高治疗效果。比如针对肿瘤科的化疗患者，将患者特有的信息输入，AI会综合大数据分析得出一个适合患者的治疗方案，将避免不同地区不同医生对同一疾病认知度的差异。AI的出现，正在让医务人员的医疗行为变得更规范、更统一。

我一个好朋友得了乳腺癌，医生为她做完手术后，对她及直系家属进行了乳腺癌相关的基因检测；科室一位医生的妈妈在体检中发现了肺癌，呼吸科医生也对她及直系家属进行了肺癌相关的基因检测。在基因组学领域，AI可以帮助研究人员分析大规模的基因数据，发现遗传变异与疾病之间的关联，促进个性化医疗的发展。

在刚刚结束的一场急诊全国年会上，中华医学会急诊医学分会主任委员吕传柱专门提到了把AI应用到紧急医学救援上。我们只需要用无人机投放AI眼镜到地震、车祸、战场等灾难现场，就可以把事发现场的画面实时传送回来，就能知道人力、物资该往哪里投了。

未来，我希望AI能让我随时了解科室里医生、护士的工作数据，包括每个人疾病诊断的准确率、接诊患者的时间、投诉率等。当然，我也希望能了解到其他医院同行的工作数据，从中对比出自己工作的不足，做科研时，也可以实现资源的共享。要做到这一步，AI必须要突破一些局限，比如数据的隐私、收集和共享，这可能还有很艰难的路要走。

信息的公开性很重要。比方说，大型流行性疾病来临时，每家医院这种病人的总量是多少？发热病人占多少？发热病人的病原体是什么？如果这些数据能通过AI及时地送到每一个急诊科主任手里，我们就能更清楚下一步要制定什么医疗卫生处置手段，应该配备多少医务人员和病床，应该做什么样的防护。能做到这一点，面对疫情时，我们就不会那么盲目和无助了。

ChatGPT能帮助医生写病历、写论文、写授课文案、写邮件、查找资料、翻译、绘图……它将是很好的辅助工具，但医生们必须有意识去接受AI带来的各种挑战——我们最后可能都会输给AI，哪怕再有经验的医生也比不过AI。

不过，我们不必担心被AI取代，因为医学需要人和人的沟通，而不是仅仅面对一个冰冷的机器。

医务人员的医德和医术同样重要，医德甚至比医术更重要。AI可以帮助提高我们的医术，但医德只能靠人去做。AI做得再逼真，它毕竟不是活生生的人，也许未来它可能发展到有感情，但至少我这一代人看不到这一天。

几百年前，我们无法想象汽车、飞机、手机，再过几百年，这个世界会变成什么样，真的说不清楚。每个人做好自己的工作，尽力去帮助别人，这是我们应该做的，这不仅是对一个医生的要求，也是对做人的要求。

医生肩负着拯救人类肉体的责任，如果人的生命都没有了，那么什么都是零。所以对生命的尊重，对医疗原则的遵守，对医疗行为规范的坚持，是无论AI发展到什么程度都不能够变的，只有这样，我们才能挽救患者的生命和健康。

如果一个患者来到急诊科，面对的只是AI，那将是很悲惨的。医务人员就不一样，我们可以安慰患者，病人走不动了我们去搀扶一下，给一个关爱的眼神，递一杯热茶，他们的感受就不一样。AI是个客观、冷静的事物，它不会有感性的一面，但是往往感动人类、改变世界的是内心深处的东西。在AI的时代，医生的原则和底线不会改变，我们永远需要坚守希波克拉底誓词：我愿尽余之能力与判断力所及，遵守为病家谋利益之信条，并检束一切堕落及害人行为……无论至于何处，遇男或女，贵人及奴婢，我之唯一目的，为病家谋幸福……

有时候，我甚至很怀念小时候那种科技不发达的日子，那种童年的快乐和无忧无虑的自在，那种纯洁的友爱和无条件的关心、信任，那种从很小的物件里找乐子的状态，是在现在许多孩子身上看不到的。

科技发展得太快了，给人类带来的是利大于弊还是弊大于利？如果科技能够为我们所用，延长我们的寿命，让我们过得更幸福，我觉得这是个好的科技。如果科技让我们的生活更无聊，还不如发展得慢一点。

如果AI无限发展，人最后可能都变成了机器，变成AI统治下教条地活着的人，每个人一辈子交往的就那么几个人，吃的、玩的就那几样东西，人和人之间的感情会越来越淡漠，一切都按规则办事。

我甚至会想，如果AI统治了人类该怎么办？到那一天，我们的生活可能会像某些科幻电影里展示的那样，会缺少很多乐趣，变得枯燥、单调、乏味。我很害怕这一天的到来。

如果有一天，AI真的把我们带向了那个无趣的世界，人类也许已经不可能放弃它了，而是会逐渐走向灭亡。

现在年轻的一代已经越来越不愿意生孩子了，整个人类的繁衍速度都下降了，数量也在减少。如果AI时代下的终极淡漠成为现实，人的数量会越来越少，可能最终会走向消亡，可能整个星球也会灭亡，多少年之后，才会有另一个有生命的星球出来。

这太可怕了，但是人类很难跳脱出这种可怕。因为就像医生想要治好一个病人，记者想要写好一篇报道一样，探索一种具有巨大吸引力的科技也是科学家的本能。

AI智能时代的到来不会考虑个人的意愿，这是生产力发展的趋势。火种也好，原子弹也好，AI也好，很多事物都是历史长河中必然出现的，就像会有苏格拉底出现，会有爱因斯坦出现，会有马斯克出现。我们应该怀着一颗平淡的心去迎接所有变化。

即使是在没有汽车、飞机、手机的几百年前，人类也有灿烂的文明，关于爱，关于对自由的追求，关于勇气，关于说真话，这一切是没有变的。在科技颠覆式进化的时候，我们依然要做一个真实的人，勇敢的人，善良的人，有爱心的人，负责任的人，守诚信的人。

我希望这个世界永远有爱。我经常对我的孩子说，“妈妈爱你，妈妈爱你”，我能够感受到他的幸福，我也感受到了我的幸福。我们就是要爱身边的人，爱身边的事，爱我们所拥有的一切，我们真正拥有的正是这些，而不是冰冷的机器。

2023年12月12日　武汉

作者系武汉市中心医院急诊科主任

每个时代都会孕育出“范雨素”

范雨素

亲爱的读者：

距离《我是范雨素》发布已经过去六年时间，我依旧过着出名前的打零工生活。唯一的变化可能是，除了接一些家政零活外，我还零零星星挣了一些稿费，一年下来收入也差不多够用。

即使到现在，我依旧认为出名都是假的，很多人在年纪很小时便出名或获得许多荣誉，但这些容易给他们带来沉重的精神压力，对于他们的人生而言并不是什么好事。但我没有所谓的偶像包袱，我始终觉得自己就是个捡破烂的普通人。

作为一名零工，AI在未来可能依旧改变不了我的生活，毕竟，人们不太可能雇用一个机器人来做育儿嫂。但是，对于大多数人而言，AI必然会带来许多焦虑。在当下，我们经常能够看到“人工智能将替代许多工作”的新闻，这会让很多人缺乏安全感，因为你不知道自己的工作是否会被AI取代，或者什么时候会被取代。

其实，科技带给人们的焦虑早有迹象。在我童年时期，自从村里通电、有了电灯后，人们总喜欢在明亮的灯光下待着，好像醒着就能延长寿命。小孩子们也都一定要在电灯下玩一两个小时才入睡。这样一来，延续几千年“日出而作、日落而息”的生活方式被改变，人们的睡眠时间也开始减少。

到了20世纪八九十年代，村子里开始慢慢出现电视机。到了90年代末，几乎每家每户都拥有了电视机。那时，村里人养成了一个习惯，一定要看到电视频道不再播放视频内容后才去睡觉。人们的睡眠时间被进一步压缩。再后来，电视内容实现了24小时滚动播放。

2010年之后，随着智能手机的普及，人们可以更方便了解外面的世界。但相应地，每个人都渴望获取更多的信息，每天下班后需要玩三四个小时甚至更长的时间才能入睡。如今，很多人甚至无法保证八小时的充足睡眠，八小时睡眠已经成为一种奢侈。

普通人的本性都是慕强的，当年轻人看到更广阔的世界后，不可避免地总想拥有更多。现在，就连广告都向普通人灌输一种观念：只有拥有某种东西，才配获得更好的生活。这使得人们不断地强迫自己努力获取更多，焦虑感也随之而来。

可现实是，努力并不一定意味着丰厚的收获。在我十几岁时，每到收获季节就需要连续弯腰三四个小时割麦子，那时我就觉得自己累得快要坚持不住了。而我的父母每天甚至需要弯腰十几个小时去抢收麦子，因为如果不及时抢收，麦子就有可能被雨水淋湿而烂掉。在当时几乎所有的农民都面临着这样的境遇，他们辛勤劳动只是勉强能够维持家人的生计。

现在的年轻人何尝不是这样。他们常常逼迫自己努力追求成功和成就，但又陷入得不到的焦虑中，最终导致越来越严重的精神压力。这种压力就像发条一样，一点点绷紧，好像随时都会断掉。

人工智能已经将压力渗透到中小学生群体。父母为了让孩子在未来的AI时代不被淘汰，给他们注入了太多来自成年世界的压力。

我们这一代人在小时候虽然物质条件相对较差，但没有什么压力。上学是一件轻松愉快的事情，不管成绩优劣，同学们都能玩在一起，放学后也没什么作业。在升学前，小学老师常常用“决定你将来穿草鞋还是皮鞋的时刻到来了”这句话激励我们，但当时我们和家长并没有太在意，因为每个班能考上重点中学的学生也只有三四个人。

但现在，父母似乎都把孩子当作未来人工智能时代的主人公来培养，从小就让他们学习编程等课程，甚至在一些农村地区也是如此。虽然孩子在物质上没有压力，但他们面临着各种学业带来的精神压力。在我看来，后一项对孩子的伤害更大。

前几天，我和一个亲戚聊天时提到，每次看到一些不发达地区的小孩子，虽然他们的吃穿条件很差，但是他们的脸上总是洋溢着高兴的神情，这让我们不禁想起自己的小时候。我很怀念那样的时光。

在AI广泛渗透的同时，一些“反AI”现象已经出现。一部分年轻人无法忍受这种过于紧张的环境，开始寻求回到时间节奏缓慢的空间。于是，“躺平文化”在城市中兴起，一些即使能够在城市定居的年轻人，也开始寻求回到农村。在他们看来，自己只是城市的过客，最终还是要回到更悠闲、更有安全感的农村。

同样地，十年后的我也可能不再打零工，而是选择在普通的农村生活。

最后，无论AI如何发展，我相信每个时代都会孕育出像“范雨素”一样的人物。最重要的原因之一是农民工的受教育水平越来越高。在我父母那一辈，农村只要能基本认字，就能担任生产小组的记工员（负责生产小组的绩效考核工作）。而到了我这一代，虽然家庭条件较差，但大多数人都能完成小学教育，只要有基础，就能有写作的萌芽。十年后，可能社会上依旧会有大量的零工，但是他们的文字表达能力肯定更强，因此像我这样的写作者一定会更多。

文字始终不会被取代。有创造力的文字就像一颗种子，能够孵化出很多东西，给人以无限的想象空间，而短视频往往更加直白，缺乏再创作的空间。不同的时代，文字总会有它独特的影响力与魅力，吸引着不同的人群。

2023年12月

作者系零工、作家，本文根据其口述整理

在AI时代，我们该如何关注乡村教育

陈行甲

巴东的老师和孩子们：

写这篇文章的初衷是《经济观察报》找我约稿，谈一谈以生成式AI为代表的人工智能技术给时代带来的影响。同时又有国强公益基金会的秘书长罗劲荣找我约课，请我给他们对口帮扶的欠发达地区学校的高三学生们做开年后的高考复习备考动员。他也提到AI时代孩子们的学习，特别是山村孩子们的学习似乎与城里孩子的差距越来越大，希望我去给山村的孩子们加加油。

2011年到2016年，我在湖北巴东担任了5年多时间的县委书记，每年的必修课是到学校给孩子们讲几次课，有时是下乡到村办小学听课并参加讨论，有时是在高考百天倒计时前后，去给孩子们加油鼓劲，分享一些学习心得，更重要的是帮孩子们减压。形成惯例之后，孩子们就有了一些期待，以至于走后多年我的邮箱以及网上众多的留言中，居然有不少是高中孩子和他们的家长表达的遗憾和思念。后来得知也有学校把我以前在一中、二中和三中讲课的视频找出来放给孩子们看，我就更加感受到一点责任感了。借此机会，我也希望以这篇文章的方式来给孩子们补个课。

跟大家分享有关教育的体会，要从前几年一次做客的经历说起。那次我到北京出差，好朋友一诺邀请我到她家做客，我六点钟到了，一诺的先生华章还没下班，一诺忙着张罗晚饭，她的三个娃，一个6岁，一个4岁，一个3岁，“哆来咪”似的在客厅玩着，于是一诺安排她刚上一年级的老大陪客。孩子一点不怵地充当起了主人的角色，看得出来他在找话题陪我，一会儿向我展示他的玩具，一会儿向我展示他在学校的美术作品。这让我极其感慨，感觉似曾相识。我的童年和少年时代跟随妈妈在山区农村度过，那时爸爸在遥远的地方做税收员，一年回来一次。从懵懂记事的四五岁起，每当家里来客人的时候，妈妈忙着做饭，大我一岁半的姐姐给妈妈打下手，我就充当陪客人的角色。三四十年过去了，一诺家的老大是我见过的第一个和我一样担当这个角色的孩子。一诺办了一所一土学校，她说一土的教育非常重视孩子的这种社会沟通能力。

我小学是在一个村办小学读的，一、二年级是复式班，条件不好，老师多数是民办老师，母亲只读过两年书，也不可能辅导我的功课，但是我小学毕业的时候统考的成绩是全乡第一名，居然超过了所有在乡镇中心小学读书的孩子，这在我老家那个乡里是空前绝后的。在我之前乡里从来没有出现过这种情况，在我小学毕业后的近20年时间里也没有人重复这个奇迹。再往后，随着村办教学点被普遍撤销，这个纪录就真的绝后了。在我的求学经历中，这个成绩是比我后来考到省城念大学、考到清华读硕士、考到美国留学都更让我自豪的。前几年我的一个已经苍老的启蒙老师跟我讲，我是他教学生涯中遇见过的一个很特别的学生，像是开了天眼。他至今还记得有一次四年级期末全县统考，全班数学只有我一个人及格，而我考了94分。

在我的学习生涯中，我并没有感觉到特别苦、累，但是一直学习得不错。现在回想起来，童年被当作主人的陪客经历于我是极其宝贵的。母亲后来讲起在灶屋里听见我和客人聊天时，学着她的样子问客人家里有几口人、种了几亩田、喂了几头猪之类的问题，总是会忍不住笑。这种经历歪打正着地锻炼了我的沟通能力和共情能力，这其实是比会答题会考试更基础、更重要的能力。打个比方吧，如果说考试答题的技巧是武功中拳术剑法的话，那么观察事物、与人沟通、体恤他人的能力就是内力了。真正决定一个人的武功水平的，应该是内力。

而我们现在的教育，似乎不太重视这种内力的培养和锻炼。“双减”之前的课外辅导班，就是那种专门培训孩子刷题能力的班，火爆到难以置信的程度，家长争先恐后地拿着动辄数万元的培训费，唯恐排不上号，手里的钱交不出去。“双减”之后其实情况也没有好到哪里去。前不久，有一个深圳的好朋友说他们过去给孩子报班的预算每年只要五六万元，现在转为请人“一对一”单独辅导，每年的预算需要20万元，负担翻了三倍都不止。我问他为什么要这样，他说孩子的同学几乎都这样，他们能有什么办法。

可是，我们教育的成功标志是什么呢？是考试得高分吗？是考上的那个大学的排名吗？还是孩子认识和适应这个社会的能力，以及在漫长人生中发展的潜力？

现在的问题是，好的分数、好的大学，这些用考试来衡量的成绩，是家长可以短期看得见的目标，而孩子的观察力、沟通能力、共情能力和承受挫折的能力等，这些短期看不见的目标被很多人忽视了。

走过人生的半场，见过很多的人和事，我有一个很深的感悟，真正决胜千里的，是一些考试不考的能力。

前些年，我们人类的天才柯洁认输阿尔法狗的时候，曾有很多人讨论教育应该培养通往未来的能力是什么，大家的结论是：凡是机器或者人工智能可以代替的能力，就是不值得花太多时间去训练的能力；凡是不能迁移到其他领域的能力，也是不重要的能力。

现代科技的发展一日千里，我相信随着更新迭代，AI们将越来越多、越来越快地覆盖这个社会的简单劳动。我们的教育是否应该更多地关注培养孩子面对未来的能力?

我的判断是，未来将属于两种孩子：一种是有趣的孩子，一种是可以吃任何苦的孩子。有趣就是有敏锐的观察能力、沟通能力、共情能力、欣赏能力，这些是无论多么牛的阿尔法狗都望洋兴叹的能力。而能够吃任何苦则是面对快速发展的未来社会的竞争和压力，我们的孩子最好要具备的能力。

这几年曾看到过不少“寒门再难出贵子”的哀叹。如果我们把这两种能力重视起来，会发现寒门其实并不落下风。在人生的长跑中，寒门子弟可能起步偏慢、偏后，但是你们在低处感受到的冷暖疾苦，培养出的共情能力，磨炼出的吃苦耐劳，以及想去那个最远地方的决心，这些内力完全有可能让你们在后面的路程中完成追赶和超越。所以，作为欠发达地区，特别是广袤山村地区的老师，孩子们的这些内力值得不惜一切代价去发掘和培养。

这些话，写给巴东的老师和孩子们，我的祝福与你们同在。同时，也分享给其他山区和欠发达地区的老师和孩子们。

2023年12月

作者系深圳市恒晖公益基金会创始人，曾担任湖北省巴东县委书记，并被评为全国优秀县委书记

体育会成为电竞的一部分

姬　星

亲爱的读者：

展信佳。

很高兴能与你交流关于AI的未来。对于AI领域，我一直抱着好奇且求知的心态，很期待能有更多、更全面的AI工具诞生，给电竞行业带来一些变革。

在电竞行业，AI运用是比较多的，我们经常会使用AI进行比赛前的预测，包括比赛中对一些数据的呈现、结合数据库对选手阵容进行分析等，准确预测的概率还是比较大的。

不过，目前AI对电竞行业的影响比较小，能力相对有限。AI给出的预测结果，我们大部分资深电竞从业者或观察人士也可以预测出，而有些情况大数据甚至无法做出预测，比如比赛中的"爆冷"。

相比于电竞，受到AI技术影响更大的其实是游戏本身。在我们了解的游戏项目里，很多游戏厂商通过AI技术来优化游戏机制，还有一些在游戏中增加部分AI数据，用来优化NPC（Non-Player Character，非玩家角色）的行为。

未来，我相信一定会有更多使用AI技术的游戏出现，其中必然也会有一些游戏成为竞技项目，进入电竞领域。那时，电竞俱乐部再进行实践和落地，新一代的电竞形态、赛训业态，以及对选手的要求一定会产生更多改变。

现在电竞是体育的一部分，当AI时代到来后，我有一个大胆的猜想：体育会成为电竞的一部分。

近年来，AR和VR技术的广泛应用，让我们无需出门也能拥有更充分的体感交互。未来，只需要佩戴一副VR眼镜，就能像在球场上一样，身临其境地踢足球、打篮球。我们熟知的一些田径项目，未来或许也可以通过“云竞技场”的技术实现。

因此，我想，如果真的到了这一天，那是不是我们现在的体育比赛都能在云端完成，是否意味着体育或许能成为电竞的一部分？

随着AI技术的不断发展，虚拟和现实哪个才是真实的，好像变得不容易区分了。未来，云端的“足球场”很可能成为足球比赛的主流竞技场景。而我们现在的现实足球场，也许会变为所谓的“线下足球”“实体足球”等小众概念。

当然，现在距离我所畅想的时代还很遥远，如今的AI还处在一个较为初级的阶段。

近一个月来，我们在AI技术上进行了多次尝试和探索，发现设计一个我们所期望的AI工具是很困难的，存在较大的技术壁垒。我原先的设想是，让团队运用AI开发一个大数据库，根据数据的变化趋势，提前判断并提醒到具体哪位选手可能出现状态不好等情况，帮助我们更加关心选手的状态以及复盘情况。但是在开发过程中我们发现，这个AI工具存在着数据量少、消耗时间长的问题，反映出的时效性与应用性不足，这个项目就被搁置了。

目前的AI技术还无法实现这些功能。不过我相信，未来的5年或10年，这样的AI产品会出现。

一直以来，我对电竞行业保持很大热情的原因之一，是我觉得电竞是与时俱进的。随着AI技术的应用，电竞的范畴得到了扩展与升级，给予观众新的感受和感知。对于自己而言，我会更期待AI在电竞领域的发展，期待它给电竞行业带来的无限创造力。

我非常看好AI的未来，也更希望能看到AI的边界到底有多广。不过，至于电竞选手是否会被AI取代，我认为是不会的。

诚然，随着AI的应用场景逐渐增加，大数据的体量不断庞大，电竞选手在游戏操作等技术方面或许的确会被AI代替，但它只能取代“用脑”，无法取代“用心”。

很多人都说，我们的行为是由大脑通过神经来控制的。但是我在想，我们大脑的这些思维和想法又是源于哪里？我觉得是源于人所产生的感悟。人类作为灵长类动物，这个“灵”就是AI代替不了的东西。在思考的过程中，正因为有了这些“灵”，我们才能够让大脑运转，产生专属于人类的思想。

无论AI技术的发展达到什么水平，与人类相比，我认为，AI都不会拥有自我的意识和情感，因为它缺少人类的主观能动性。尽管未来AI能够实现在电竞领域的广泛运用，通过足够庞大的大数据在操作层面上取代真人选手，但是在游戏的玩法、技术思想、团队协作意识上，以及选手自身的人格魅力、人性特点等方面，它都无法做到真正取代，这就是我认为属于“用心”的部分。

也许我们以后的人，更多地存在于他的“灵”。如果说我们所谓“物”的部分会被AI不可避免地取代了，那我们需要做的，可能就是“用心”了。

2023年12月

作者系超竞集团首席电竞官、EDG电竞俱乐部总经理兼总教练

比人类更强大的不是AI 而是掌握了AI的新人类

杜　兰

亲爱的读者：

您好！2023年即将结束，作为人工智能科技界的一名代表，我想聊聊今年通用人工智能大模型的发展，对于科技创新和个体发展的意义，和大家分享交流一些我的思考。

首先我想跟大家探讨的是，当下人工智能发展到哪一步了呢？

今年ChatGPT的出现第一次让我们看到了通用人工智能的星星之火，看到了初步的智慧涌现，看到了认知智能的重大突破。其实对于AI界的人士来说，我们也没有想到通用人工智能来得这么快，而且离我们这么近。

就像360集团创始人周鸿祎说的，以前如果有人提出做通用人工智能，所有中国互联网公司老板都会"给他一个大耳光"，但是OpenAI惊醒了大家。今天回顾人工智能发展的几次浪潮，我们发现在第三次以感知智能为主体的浪潮还没有结束的时候，第四次以认知智能为突破的浪潮就开始了。

经过近一年的发展，GPT-4和国内的大模型都在进一步向多模态方向进化，大模型和人的沟通不再只是语言文字，它会理解图片和视频的含义。自动驾驶和机器人研发领域，已经融入了GPT这类大模型，来帮助机器更好地理解它所看到的东西。谷歌在2023年12月初发布的Gemini大模型，更是区别于原来的“拼凑多模态”模型，从一开始就使用文字、音频、视频、图像等多种模态的数据训练而成。演示视频显示，人类把三个空杯并排放在桌子上，再把纸团塞进其中一个杯子里，一番快速的移形换位以后，Gemini准确地指出：纸团在最左边的杯子里！这已经展示出令人诧异的多模态能力。

在产业应用方面，大模型将进一步突破在AIGC领域的应用，从写诗、画画和当白领的办公助手，走向工厂和田野。以前的人工智能模型，一个模型只能解决一个任务，开发周期很长，数据标注等成本投入很高，这是AI 1.0时代。而在AI 2.0时代，有了通用大模型之后，一个模型可以解决多个任务，只需要在通用模型基础上进行微调，数据标注成本、模型训练成本都会大大降低，所以大模型的出现将会大大加快人工智能赋能千行百业，推动数实融合的速度。

而在基础科研领域，大模型也会成为有力的助手，著名数学家陶哲轩就成功利用GPT提供的思路，解决了一个数学难题。但是陶哲轩对GPT的角色描述和提问内容，都做了非常专业的设计，才让GPT-4给出了非常高质量的答案。

我们要看到，通用大模型的威力取决于你对它的理解，往往浅薄的不是大模型，而是我们自己。现在已经出现了提示词工程师（prompt engineering）这种新职业，不是程序员，但要研究怎样用自然语言提要求，才能让AI给出最好的答案，年薪最高的超过200万元。这才是所谓的“人机耦合”。

大模型的加速发展，给创业者带来哪些机遇和挑战？

前不久，OpenAI在首届开发者大会发布了功能更强大的GPT-4turbo，API开放更多能力，同时价格是原来的36.4%。OpenAI在这次大会上还发布了辅助开发工具Assistants API和个人定制版GPT——GPTs，能让不懂编程的人，也能够用聊天对话的方式，快速做出AI应用。

AI应用开发的门槛被拉得非常低，一下子宣告了一大批GPT套壳公司和独立的AI创业项目走向死亡。这也告诉我们，以后，懂编程、懂人工智能技术将越来越起不到护城河的作用。我认为对想要在大模型领域寻找机会的创业者来说，真正有效的护城河有这样几种：

一是私有数据。拥有行业或企业的私有数据，这一点无论对科技巨头，还是对中小型科技企业，都是很大的优势。结合私有数据打造专业大模型，比如拥有很多学校的教学数据，就可以提供定制化的解决方案，达到公开数据+通用模型实现不了的效果。我最近参加了一个创业大赛，很遗憾地看到，好几个科技项目，都很容易被通用大模型直接替代。那些只提供纯工具，或者仅仅依靠公开数据的项目，会越来越难存活。

二是对行业具体业务和场景的深度了解。在大模型生态的支持下，AI技术的门槛将越来越低，中小企业要比大企业更加了解行业业务、使用场景和痛点。那些已经在各个行业有扎实的用户基础和know-how经验的公司，AI会真正成为他们的放大器。

三是与硬件结合。把AI能力融入AR/VR眼镜、手表、音响、机器人、汽车等硬件，能够给用户带来更好的交互体验，也提升了研发和被复制的门槛。比如，智能翻译机就是这种思路。前些天随着GPTs发布的无屏幕可穿戴设备AiPin，也是一个结合了GPT-4的AI硬件。

回顾科技与消费的历史，我们发现，数字科技类的硬件产品，几乎每十年就会迎来一波全球性的浪潮。

1990年是PC，2000年是PC互联网、功能机，2010年是移动互联网、智能机。2020年是智能新能源汽车，随着人工智能的加速发展，2030年可能就会是机器人。

所以未来社会上可能会有三类软硬件一体化的产品：一是固定式的，比如说PC、家里的全屋智能、智能会议室；二是携带式的，从笔记本电脑到手机、智能手表，再到VR/AR眼镜；三是跟随式的，就是智能新能源汽车，以及以后的家用机器人。这些领域将会诞生许多新的赛道和新的独角兽。

创新创业除了找对方向，最重要的就是要有热爱和坚守，这在任何时期都是一样的。技术创新是一条弯曲的直线，各种新科技的成熟演变速度及要达到成熟所需的时间，分成5个阶段：技术萌芽期、期望膨胀期、泡沫破裂低谷期、稳步爬升恢复期、生产成熟期。

每项技术都处在各自的发展阶段，到达生产成熟期需要的年限也是各不相同的。以GPT为代表的生成式AI，正处在期望膨胀期，但它可能会在2到5年内达到成熟期。

所以，成就国际领先的技术，并不是一蹴而就的。只有源于热爱的初心，才能在创新道路上长期坚守。无论是科技创新还是创业，我们心中一定要有这样一个曲线，一定知道当很多人追捧你，很多人投资的时候，其实你还会经历一个梦幻破灭期，能扛住就可以走到未来，真正美好的产业的未来。

在通用人工智能时代，普通人一定要做好这几件事。

第一，坚持阅读，丰富灵魂。正是大量的阅读造就了一个人的底蕴和智慧，成就了万里挑一的有趣的灵魂。

第二，坚持运动，强健体魄。我的经验就是跑步，跑步帮我穿越了人生的不同周期，不断进入生命中下一个螺旋式上升的通道。

第三，对不确定性保持乐观。只有乐观的人才会愿意相信，愿意去尝试。最后也许不一定做成，或者没有完全做到，但这个过程也会很有帮助。

第四，不甘平庸，延迟满足。要对自己有更高的标准，也许短期内变化得慢，但10年后再看，肯定会非常不一样。面对各种各样的选择，我们要有自己的判断，着眼于长远的利益，延迟满足，不要被一些短期的利益所迷惑。

第五，保持生命的节奏，有张有弛。有时放慢脚步不是为了放弃，而是为了跑得更远。

不断学习的意义，就在于成长，去成功，去让人生更有选择权。

总结一下，其实在通用人工智能时代，最大的护城河就两条：一是抓住人的真实需求、基本需求，科技始终是来自真实世界的需求，并且要为真实世界服务。二是让自己变得强大。我相信，比人类更强大的不是AI，而是掌握了AI的新人类。

2023年12月

作者系全国三八红旗手、广东省政协委员、

广东省人工智能产业协会会长

那一只演奏莫扎特的AI

周殷子

莫扎特先生：

你好！

当我们焦虑地聊到未来可能代替我们的AI时，我们在聊一种也许就近在眼前、会带来可怕未知力量的科技革新。莫扎特先生，你一定不知道AI是什么东西。对于AI，不得不承认，我这个吹长笛的人知识也不够，认识也肤浅，无法好好地对你解释人工智能是如何运作的，你可能需要去问程序员，虽然你也不知道程序员是什么东西。

但我必须说，在这种对我们演奏者来说非常科幻的科技到来之前，人类已经有过很多次技术革新了。我们先是只能通过一个个鲜活的人在眼前演奏而听到你的作品，后来，在你不知道的“曾经的未来”，有了录音的发明，我们可以通过一种“帽子”，也就是耳机，或者一个箱子，听到远在天边的人演奏你的音乐。录音也从黑胶、CD、磁带，变成了数字音乐。音乐本身的种类也有很多了，如今不是每个人都在听古典时期的音乐（是的，我们如今这么称呼你那个时代的音乐），但是依然有很多人热爱着莫扎特先生的音乐，甚至还会跟300年前的人一样，在工作之余，盛装打扮，带着家人一起去一个漂亮的音乐厅听人类演奏你的音乐。我和我的同行也依旧在不断练习你的作品。即便我们已经有无数种听音乐的选择，你所代表的“古典音乐”通过演奏家演奏出来的方式如今依然存在，甚至还很活跃。

这难道是因为经过数次革新后，我们目前的技术还不够发达吗？以后包括人工智能在内的令人无法想象的科技出现时，这种持续了几百年的现象会突然改变吗？

（信写到这里，我停下笔，思绪飞了。）

在我非常短暂的20余年的长笛学习过程中，我最常练习和演奏的曲目有两首：《莫扎特G大调长笛协奏曲》和《莫扎特D大调长笛协奏曲》。我相信对于大部分长笛演奏者来说是一样的。我已经记不得第一次听莫扎特是什么时候了，从小我家人就会用莫扎特音乐当我的起床闹钟。最常用作闹钟的专辑是艾曼纽·帕胡德（Emmanuel Pahud）与克劳迪奥·阿巴多（Claudio Abbado）于1997年录制的莫扎特专辑，那张专辑我小时候就已经“听烂”了，里面就包含了这两首曲子。这两首协奏曲，从我初中时期贯穿到我现在的读博时期，而且我确信，我以后演奏它们的次数也不会变少。它们还是考级、考学、考乐团、考教职等所有类型考核的必考曲目。

记得有一次考音乐学院进行面试，那所大学的长笛教授把所有考生聚集起来发表讲话，他说："我要跟你们聊聊莫扎特。莫扎特协奏曲是你们会吹一辈子的曲子，这很容易让人感到厌烦，但我希望你们一直保持对它的热情。"我原以为他专门把考生召集起来，会给我们上一节大师课，哪怕是聊一番他对莫扎特的理解，结果却只是一句让人印象深刻的简单忠告。我当时觉得不屑也不理解，心想，那么好听的莫扎特，要是感到无聊，就不要学古典音乐了吧。莫扎特的音乐被演奏了200多年，我们这群刚进入演奏专业领域的婴儿才练了几年而已，不用教授说，我也知道之后吹它们的机会还有很多很多。

但我现在觉得教授说得颇有道理。如今的科技每几年都可能有一次大变化，发展速度越来越快，无法预测。比如人工智能的出现，它可以做很多人类做不到的事。与人工智能这么个新鲜又神奇的东西相比，200多年前的曲子的确比较容易让人感到无聊，何况以科技发展的速度，人短暂的生命中还可能出现很多类似或更酷的东西。

可即便ChatGPT出来了，我还是在家里、在琴房里，打着节拍器练着莫扎特。要是真的有一天，人工智能可以代替我这个懒人演奏莫扎特协奏曲的话，对我而言倒也是一种休息，以后考试可就再也不用吹G大调了啊！但我"悲观"地认为，这属于想得美！莫扎特的音乐成功地“活”到了录音被发明出来，从那以后，莫扎特也从未停止过被演奏。即便有很多录音、作曲软件可以模拟各个有名的演奏家的声音，还是有无数“新生代”演奏者前赴后继地演奏他们自己的莫扎特。也许有许多现代职业会被取代，那是因为它们还没有经过时间的检验。因此我也可以乐观地去想，在接下来的AI时代，没什么原因可以让古典音乐演奏这个行业消失。

我的乐观不是因为演奏这件事很先进，反而是因为古典音乐演奏真的有点太落后了。当人们在讨论AI有了意识会不会消灭人类的时候，演奏者们却还在争论该不该用平板电脑代替纸质乐谱，而电子翻谱踏板才刚刚代替一部分“人肉”翻谱。我又刚好是宁愿花时间把每一页谱子粘起来也不愿意用平板电脑、宁愿多用一个谱架也不愿意踩一脚踏板的那类“现代猿猴”——不使用现代工具的人类。万一平板电脑在台上刚好就宕机了呢？万一电子翻谱踏板刚好就在你最需要它工作的那一刻没电了呢？我不愿意在我紧张到嘴巴发干、手心冒冷汗的时候对身外之物抱有任何侥幸心理。万一上台前一秒，我发现自己忘了充电，那可就全完了啊。我佩服那些使用科技的演奏者，在我看来，他们显得非常游刃有余。

在讨论人工智能的时候，我多少有点抽离感。人工智能也有它自己的发展阶段。当它还是个“好用的工具”时，“要不要使用”会一直存在争议。事实上，这些工具对于观众来说没有区别。麦克风的出现已经创造了很多新的音乐类型，而古典音乐演奏还存在着，生命力简直宛如打不死的“小强”！当AI发展成跟人类无异的样子站在我面前吹长笛时，我会把它当成另一个可能比我吹得好的“电子猿猴”，或者是一种新的音乐类型——AI音乐，它很可能已经被音乐家们玩着了，只是还没有那么普及而已。等AI音乐成熟了，我倒是很想吹个改编给AI和古典长笛的莫扎特二重奏，如果我不小心吹个错音，还需要它们对我多担待。

AI能做到的事，其实一个初中生也能做到。初中时期，老师对我的要求是，每一颗音符粒粒分明、均匀有弹性；乐句从哪里开始到哪里结束，必须清晰明了。我也初步掌握了古典时期音乐的演奏风格基础，比如颤音如何演奏、古典时期连吐音的特点之类的。学习莫扎特就是学习规范的演奏，通过练习莫扎特，我学会了如何控制气息、如何让每根手指在正确的时间正确地动起来。每天练几个小时，我很快就可以做到一个音都不出错。相信能做到这一点的初中生大有人在，因为莫扎特协奏曲在当时是业余十级的曲目（我不知道现在还是不是）。对于当时是初中生的我来说，流畅规范地把整首莫扎特吹下来就是我的追求。AI向来以“不出错”为人称赞，比如我经常看到这种文章标题，“AI能做到一个音不错，某某有名演奏家却做不到”。有些曲子的技术确实挑战人类的极限，但如果AI能做到演奏莫扎特的音乐“不出错”，初中生也是可以做到的，是可以“代替”AI的，何况如今还有许多技术高超到令人恐惧的小学生出现。人类总是不缺天才，至少从莫扎特诞生开始。

到了我的高中时期，我在茱莉亚音乐学院预科学习算是半只脚踏进了专业领域，莫扎特是我和同学们的共同语言。乐团演出前在后台，总会有一群人围在一起吹莫扎特的音乐玩，特别是双簧管和长笛（因为它们共享了莫扎特D大调协奏曲，双簧管的版本是C大调。这是莫扎特于1777年先写给双簧管，一年后再改编给长笛的）。就算现在，我也还总是听到双簧管和长笛吹着不同调的同一首曲子，吹完哈哈笑个不停，乐此不疲地玩着这个“老梗”。这个时候，我们追求更加驾轻就熟的技术，以及与钢琴或乐团合作的经验。要合作就必须对整首作品有更深程度的了解，不能只是像初学时一样做到最基本的熟练。我也开始享受与人合作的乐趣，当然，我也获得了更多的演出机会，开始享受演出。

我认为演奏家演出最迷人的地方就是那种为此刻而生、全世界都不重要的感觉。演奏过程既是永恒的又是一瞬的，一句接一句随着时间向前流动像是永无止境，但心里又期待着结束的那一刻，因为辉煌成就于终点。但最后一个音消失的同时，一切也就过去了，过后只能惋惜地品味一下余韵。这也是为什么演出结束后我总想问别人过程是怎样的，不只是为了听到夸奖，而是为了从别人的描述中试着再抓住一点演奏当时的感觉。每次演出完都想，如果可以再来一次就好了，但真要再演一次，哪怕是同样的曲子，也是全新的经历。演出还挺有向死而生、落花一瞬的美感的。对于演奏者而言，演出的乐趣无法被取代。即便没有观众，或者观众都去听AI演出了，我相信，也还是会有一些傻瓜一头扎进这没有回报的乐趣中去吧，比如我。真希望以后“代替”我们演奏莫扎特的人工智能，也能享受到如此乐趣。

说到乐趣，莫扎特的音乐倒时常与“快乐”一词联结。大学时期的我第一次感受到了莫扎特的音乐隐藏在快乐之下的意味，比如，莫扎特的“平衡感”。在协奏曲里，乐队和独奏时常是反着的：乐队紧凑，独奏就是长句子；乐队是长连句，独奏就是轻巧的快音符。你可以说乐队和独奏是在“对话”，而正是这种对话让乐队与独奏合在一起时有一种微妙的平衡感。能让“欢快”的音乐保持平衡，除了激情和源源不断的能量，也同样需要演奏者的理性，控制稳定的节拍和适当的力度，让自己不要一个激动就“吹飞出去了”。像浪漫时期音乐一样表达个人满满的情绪，就不是那么符合古典时期的风格了。心中的能量、身体的控制、大脑的理智，当然还有纯熟的技术，想要结合这么多需求在一起可不是一件容易的事。

莫扎特的音乐中还有一种隐藏得很好的“紧张感”。我在新英格兰音乐学院上学时，一位从奥地利萨尔茨堡来上大师课的钢琴家说过，莫扎特虽然很多音乐都用大调，可是你会发现，他的音乐的情绪没有结局，没有落脚处，总是不确定，这其实是非常“intense”（紧张）的。早期如古典时期，大调和小调音乐的表达定义还比较模糊，音乐无法简单地用大调和小调来定义快乐或悲伤，跟理解一个词语一样，需要结合上下文和当时不同的音乐文化来理解音乐。古典时期的作曲家更常使用大调……这个有趣的认识改变了我听大调音乐的感受，使无论大调小调都变得层次丰富起来。然而，这些可能还只是莫扎特音乐的冰山一角，一定还有太多我没有听过的诠释和想法。正因为大学时期的我看到了音乐语言这被揭开的“冰山一角”，我现在才在读博。以后我还会继续吹我已经吹过数不清多少次的莫扎特长笛协奏曲，因为我要在探索中继续追求完美。但什么是完美呢？如果人类自己都不知道，也无法想象完美的音乐，那么基于人类数据造出来的AI又如何知道呢？

如果不是追求完美，那我也许只是好奇10年、20年后的自己会把莫扎特演奏成什么样，好奇更多的知识和经历会给我的演奏带来什么样的化学反应，好奇我自己的可能性。至于什么是完美的演奏，每个人的看法不同，没有一个固定答案，一千个演奏者会带来一千个莫扎特。如果不久的未来有一个AI可以带来不一样的莫扎特，那也会是千万种的其中一个。也许那个AI也会收获一大群粉丝和观众，也许火爆程度会超越历史上任何一位演奏家，但就像有汽车、飞机、火箭的现在，还是有追求更好跑速成绩的运动员这个职业的存在，还是有会去现场观看体育赛事的人一样，人类会追求和好奇自己这个物种的极限。

（回到信件本身吧！）

莫扎特先生，我对刚刚的提问试着自问自答吧：在人类停止对自身的好奇心之前，只要哪怕还有一个人想知道未来的自己演奏你的曲子进步了多少，并为此不断站上舞台表演和尝试，哪怕还有一个听众或观众想要听一听对你的音乐的不同诠释，古典音乐的演奏就不会被代替。我还好奇的是，从小就身为演奏家的你，面对未知的强大的科技力量，会感到恐惧吗？人类对于AI的恐惧，是否出自对未知的恐惧？

2023年12月

作者系长笛演奏家，美国佐治亚大学音乐学院博士